JN057476

四訂版

廃棄物処理
早わかり帖

英保 次郎 著

東京法令出版

はじめに

　廃棄物の処理は、地球温暖化と並んで、最も注目されている問題です。

　これまで、最終処分場の確保、処理施設建設に伴う地元とのトラブル、ダイオキシン問題、廃石綿問題、青森、岩手、豊島などの不法投棄など廃棄物に関わる様々な課題が次から次へと起こり、廃棄物問題はひっ迫しています。

　また、最近ではプラスチック廃棄物の海洋汚染が問題となっています。

　この事態を打開するため、廃棄物の処理の範疇からより広い概念でとらえ、「循環」という観点で問題を解決しようという方向の流れがあります。

　ところが、廃棄物発生過程をはじめその処理・再生においても複雑で多岐にわたっており、全体像をなかなか理解し難い上に、廃棄物処理法がその時点での問題解決のため、何度も改正がなされ、環境諸法の中でも最も理解しにくい内容となっています。

　一方、企業、自治体においては、環境・廃棄物についてよく内容を理解している人材が大量退職し、それぞれの職場がますます手薄となってきています。

　このため、廃棄物処理法を中心として、廃棄物を十分理解できていない人でも理解できるように、初級向けの解説書を作成しました。また、今回の改訂に当たって、令和6年1月現在の内容としました。

　都道府県や市町村の担当者、廃棄物処理業者、排出企業、技術管理者などの幅広い分野の方々にご活用いただき、廃棄物の適正な処理に資することを切に希望しています。

令和6年4月

　　　　　　　　　　　　　　　　　　　　英保　次郎

目　次

第1章　廃棄物の定義・廃棄物の範囲

第2章　排出事業者・処理責任・処理計画

第3章　廃棄物処理基準

略　語　一　覧

【法令名略語】

法………………………廃棄物の処理及び清掃に関する法律

政令……………………廃棄物の処理及び清掃に関する法律施行令

省令……………………廃棄物の処理及び清掃に関する法律施行規則

最終処分基準省令………一般廃棄物の最終処分場及び産業廃棄物の最終処分
　　　　　　　　　　　　場に係る技術上の基準を定める省令

Dx法　…………………ダイオキシン類対策特別措置法

循環型社会基本法………循環型社会形成推進基本法

資源有効利用促進法……資源の有効な利用の促進に関する法律

プラスチック資源循環促進法／プラ新法
　　　　………………プラスチックに係る資源循環の促進等に関する法律

グリーン購入法…………国等による環境物品等の調達の推進等に関する法律

容器包装リサイクル法…容器包装に係る分別収集及び再商品化の促進等に関
　　　　　　　　　　　　する法律

家電リサイクル法………特定家庭用機器再商品化法

建設リサイクル法………建設工事に係る資材の再資源化等に関する法律

食品リサイクル法………食品循環資源の再生利用等の促進に関する法律

自動車リサイクル法……使用済自動車の再資源化等に関する法律

小型家電リサイクル法…使用済小型電子機器等の再資源化の促進に関する法
　　　　　　　　　　　　律

家畜排せつ物法…………家畜排せつ物の管理の適正化及び利用の促進に関す
　　　　　　　　　　　　る法律

感染症予防法……………感染症の予防及び感染症の患者に対する医療に関す
　　　　　　　　　　　　る法律

【用語略語】

一廃……………一般廃棄物　　　　　保管一廃………保管一般廃棄物

産廃……………産業廃棄物　　　　　保管産廃………保管産業廃棄物

特管……………特別管理　　　　　　感染性一廃……感染性一般廃棄物

特管一廃………特別管理一般廃棄物　感染性産廃……感染性産業廃棄物

特管産廃………特別管理産業廃棄物

第 1 章

廃棄物の定義・廃棄物の範囲

廃棄物とは

　「廃棄物」とは、ごみ、粗大ごみ、燃え殻、汚泥、ふん尿、廃油、廃酸、廃アルカリ、動物の死体その他の汚物又は不要物であって、固形状又は液状のもの（放射性物質及びこれによって汚染された物を除く。）をいう。

〔法第2条第1項〕

　「廃棄物とは、占有者が自ら利用し、又は他人に有償で売却することができない（自分では使わないし、他人も買ってくれない）ため不要となったものをいい、これに該当するか有価物かどうかは、その物の性状、通常の取扱い形態、取引価値の有無及び占有者の意志等を総合的に勘案すべきものであって排出された時点で客観的に廃棄物として判断できるものではない。」

(1)　原則：有価物かどうかを判断

　他人に有償売却できない物を単に排出者が利用するだけでは有価物とまでは言えない。

有価物

　有価物に該当すると廃棄物とはならない。
・有償で売買される10％の銅を含むレンガ
・外国に有償で輸出する貴金属を含む廃液
・産廃を加工して有価物として輸出しようとする見本品（国内では有価物取引）

(2)　総合判断が必要となる個別内容

　有償というお金の動きだけで廃棄物であるか有価物であるかを判断することができない場合、次のような個別内容で総合判断する。

① **物の性状**：利用用途に要求される品質を満足し、かつ飛散、流出、悪臭の発生等の生活環境保全上の支障が発生するおそれのないものであること。

② **排出の状況**：排出が需要に沿った計画的なものであり、排出前に適切な保管や品質管理がなされていることが必要

③ **通常の取扱い状態**：製品としての市場が形成されており、廃棄物として処理されている事例が認められないことが必要

④ **取引価値の有無**：占有者と取引の相手方の間で有償譲渡がなされており、当該取引に客観的合理性があることが必要（処理料金に相当する金品の受領がないこと、合理的な金額など）

⑤ **占有者の意志**：客観的要素から社会通念上合理的に認定し得る占有者の意志として、適切に利用し若しくは他者に有償譲渡する意志が認められる、又は放置・処分の意志が認められないことが必要

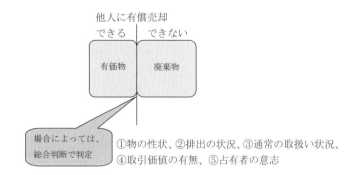

(3)　総合判断の例（廃プラスチック類を固形燃料化の一例）

・　**その物の性状**：通常の産業廃棄物とかわらない

・　**排出の状況**：産業廃棄物として処理を受けたものを破砕・選別したのみ

で、混合状態で排出、販売されず放置

・　**通常の取引形態**：様々な性状が混在。混合状態のままでは再商品化困

難、固形燃料化した物は粗悪品のため、放置

・　**取引の価値**：購入した取引状況となっているが、運賃の負担が不明

・　**占有者の意志**：廃棄物の中から素材の良い物を厳選購入としているが、

無造作に野積みの状態

総合判断結論　総合的に判断すると産業廃棄物

建設汚泥処理物の廃棄物該当性の判断

建設汚泥処理物は、建設汚泥に凝集剤を加え脱水処理したものであり、有害物質を含む場合や高いアルカリ性を有し、周辺水域へ影響を与える場合もあるので、建設汚泥処理物であって不要物に該当するものは廃棄物として適切な管理の下に置くことが必要である。

(1)　総合判断説

建設汚泥処理物は、競合材料の土砂に対して市場競争力はなく、用途・再生利用先があらかじめ確保されていなければ、結局は不要物として処分される。また、客観的な性状からは直ちに有価物と判断できないので、廃棄物かどうかは総合判断説で判断すべきものである。

(2)　自ら利用

自ら利用については、排出事業者が生活環境の保全上支障が生ずるおそれのない形態で、建設資材として客観的価値が認められるものとして確実に再生利用することは、必ずしも他人に有償譲渡できるものでなくとも、自ら利用に該当する。ただし、中間処理業者が自ら利用する場合は、排出事業者と異なり、当該建設汚泥処理物が他人に有償譲渡できるかどうかについて判断することになる。

(3)　**再生利用認定・指定制度の利用**

　　環境大臣の再生利用認定、都道府県知事の再生利用指定制度を利用すれば、必ずしも有償譲渡されなくても取引価値の有するものとして取り扱うことは可能である。

次のものは、廃棄物処理法の対象から除外されている。

① 　港湾、河川等の浚渫（しゅんせつ）に伴って生ずる土砂、その他これに類するもの

② 　漁業活動に伴って漁網にかかった水産動物等であって、その漁業活動を行った現場付近において排出したもの

③ 　土砂及び専ら土地造成の目的となる土砂に準ずるもの

廃棄物は固形状／液状のものに限る

　　工場からの排ガス、排水は役に立たないから環境に排出される。広い意味では「廃棄物」であるが、「排ガス」は大気汚染防止法、「排水」は水質汚濁防止法という特別法が適用となる。廃棄物処理法は一般法なので、特別法が優先する（対象から除外）。

放射能汚染物は廃棄物処理法の対象外

　　放射能関連は取扱いに専門知識が必要なので、当初から廃棄物処理法の対象から除外されている。

　　東日本地震災害に伴う原発事故に関連して、高濃度のものは特別措置法で対応することとされている。低濃度レベルのものについては、普通の廃棄物として廃棄物処理法で取り扱う。

廃棄物の対象としないもの

　信仰の対象、他法令で対象のもの、ガス状のものは廃棄物処理法の対象とならない。

- 墓石（信仰の対象）
- 放射性医薬品（放射能部分は他法令対応）
- ガス状のもの

産業廃棄物と一般廃棄物

> この法律において「一般廃棄物」とは、産業廃棄物以外の廃棄物をいう。
> 〔法第2条第2項〕
> この法律において「産業廃棄物」とは、次に掲げる廃棄物をいう。
> (1) 事業活動に伴って生じた廃棄物のうち、燃え殻、汚泥、廃油、廃酸、廃アルカリ、廃プラスチック類その他政令で定める廃棄物
> 〔法第2条第4項〕

産業廃棄物以外は一般廃棄物である。産業廃棄物が定義されていて、それ以外の廃棄物は一般廃棄物である。

廃棄物のうち産業廃棄物以外は一般廃棄物

歴史的に見ると、明治時代に伝染病を予防するため、廃棄物の処理は始まった。その後、高度経済成長によって工場からの大量の廃棄物が発生し、市町村で対応できないようなものを産業廃棄物とした廃棄物処理法が成立した。

産業廃棄物は事業活動で排出されるものであって、一部は排出元(業種など)が限定されている。事業活動とは、製造業や建設業等のみではなく、事務所や役所などの公共事業も含まれる。

産業廃棄物は20種類あり、全ての事業活動が対象のものと、特定の事業活動に限定（業種限定）されるものがある。

業種限定される産業廃棄物の排出元

廃棄物の種類	対象となる排出元等
13　紙くず	・建設業（工作物の新築、改築、除去に伴うもののみ） ・パルプ、紙又は紙加工品の製造業 ・新聞業（新聞巻取紙を使用して印刷を行うもののみ） ・出版業（印刷出版を行うもののみ） ・製本業 ・印刷物加工業
14　木くず	・建設業（工作物の新築、改築、除去に伴うもののみ） ・木材、木製品製造業（家具製造業を含む。） ・パルプ製造業 ・輸入木材の卸売業、物品賃貸業 ・貨物流通のために使用されたパレット（こん包用含む。）
15　繊維くず	・建設業（工作物の新築、改築、除去に伴うもののみ） ・繊維工業（衣服その他の繊維製品製造業を除く。）
16　動植物性残さ	・食料品製造業、医薬品製造業、香料製造業で、原料として使用した固形状のもの
17　動物系固形不要物	・と畜場でとさつ・解体の獣畜、食鳥処理場の食鳥処理のもの

18 動物のふん尿	・畜産農業
19 動物の死体	

注）PCBで汚染された物は上記の限定にかかわらず、全ての事業活動が対象の産業廃棄物となる。

限定業種以外から排出された一般廃棄物

　業種限定のある産業廃棄物で限定業種以外から排出されれば一般廃棄物となる。

（紙くず） ビルから出てくる紙ごみ（オフィスペーパー）

（木くず） 剪定木：産業廃棄物となる建設木くずは「工作物の新築、改築、除去」に限定されているので、街路樹の剪定に伴う木くずは一般廃棄物

（繊維くず） 繊維くずの対象業種から除外されるものは「衣服その他の繊維製品製造業」と規定されているが、現在の日本標準産業分類にこの規定はない。現在の業種分類から考慮すると、対象業種から除外されているのは次の業種からの繊維くず（一般廃棄物に該当する）と考えられる（平成26年4月施行の分類）。

　　116　外衣・シャツ製造業（和式を除く。）
　　117　下着類製造業
　　118　和装製品、その他の衣服・繊維製身の回り品製造業
　　119　その他の繊維製品製造業

（動植物性残さ） 市場の野菜くず・魚のあら、レストランの厨芥

（動物のふん尿） 動物園からの動物のふん尿、と畜場から排出される動物のふん尿

（動物の死体） 野犬狩り後の動物の死体を焼いた焼却残灰

産業廃棄物の種類と具体例

	種類	具体例
1	燃え殻	石炭ガラ、焼却炉の残灰、炉清掃排出物、その他焼却灰
2	汚泥	工場排水などの排水処理後にでる泥状のもの、各種製造業生産工程で排出された泥状のもの、活性汚泥による余剰汚泥、カーバイトかす、無機性汚泥、建設汚泥
3	廃油	鉱物性油、動植物性油、絶縁油、洗浄油、潤滑油、切削油、溶剤、タールピッチ
4	廃酸	廃硫酸、廃塩酸、各種有機廃酸類など全ての酸性廃液
5	廃アルカリ	廃ソーダ液、金属石けん廃液など全てのアルカリ廃液
6	廃プラスチック類	合成樹脂くず、合成繊維くず、合成ゴムくず、廃タイヤなど固形状、液状の全ての合成高分子系化合物
7	ゴムくず	生ゴム、天然ゴムくず
8	金属くず	鉄鋼、非鉄金属の破片、研磨くず、切削くず
9	ガラスくず、コンクリートくず及び陶磁器くず	ガラス類、製造過程から生ずるコンクリートくず、レンガくず、陶磁器くず、廃石膏ボード
10	鉱さい	高炉、転炉、電気炉などの残さい、キューポラのノロ、ボタ、鋳物廃砂、不良鉱さい、不良石炭、粉炭かす
11	がれき類	工作物の新築、改築又は除去により生じたコンクリート破片、アスファルト破片、レンガの破片
12	ばいじん	大気汚染防止法に定めるばい煙発生施設等において発生するばいじんで集じん機で集められたもの
13	紙くず、14　木くず、15　繊維くず、16　動植物残さ、17　動物系固形不要物、18　動物のふん尿、19　動物の死体 【☞P.8参照】	
20	上記の産業廃棄物を処分するために処理したもの（コンクリート固形化物）	

業種限定のない産業廃棄物

事業活動で発生したもので業種限定のない産業廃棄物

- **汚泥**：下水管渠、道路側溝等の清掃による発生泥状物、コンクリートミキサー車からの生コンかすで泥状、家畜のふん尿の処理施設から生じた泥状物（いずれも事業活動で業種限定なく、発生した泥状の廃棄物）
- **廃プラスチック類**：合成ゴム製品である自動車専用のタイヤ、溶剤が揮発して、固形状となった廃合成塗料、固形状の廃接着剤（いずれも事業活動で、業種限定なく、発生した固形状のものでプラスチック）
- **廃酸・廃アルカリ**：泡沫消火剤かす、動物の解体等で発生する血液等の液体（事業活動で発生し、液状で、酸性又はアルカリ性）
- **がれき類**：鉄道の線路に敷いてあった砂利（工作物であった物が不要となった。）

事業活動でないものは一般廃棄物

事業活動からでなく、個人で発生したものは一般廃棄物

- 個人で解体した家屋（事業活動ではない。）

３ 特別管理廃棄物

　この法律において「特別管理一般廃棄物」とは、一般廃棄物のうち、爆発性、毒性、感染性その他の人の健康又は生活環境に係る被害が生ずるおそれがある性状を有するものとして政令で定めるものをいう。〔法第２条第３項〕

　この法律において「特別管理産業廃棄物」とは、産業廃棄物のうち、爆発性、毒性、感染性その他の人の健康又は生活環境に係る被害を生ずるおそれがある性状を有するものとして政令で定めるものをいう。〔法第２条第５項〕

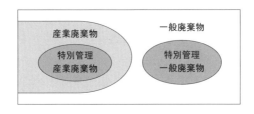

　特別管理廃棄物は、一般廃棄物、産業廃棄物ともそれぞれの廃棄物の一部であり、普通の廃棄物とは区分し、処理方法などを別に定めている（特に厳しい基準となっている）。

産業廃棄物と特別管理産業廃棄物の違い

処理基準	処理の特殊性の観点から、収集運搬では原則混合禁止、有害特性から個別の廃棄物分類ごとに処理基準が定められている。特に埋立処分する場合には、有害特性を除去してから管理型処分場で処分することになっている。
処理業の許可	特別管理産業廃棄物収集運搬業、特別管理産業廃棄物処分業が、普通の産業廃棄物の処理業とは区分されている。特別管理一般廃棄物処理業はない。

委 託 基 準　特別管理産業廃棄物は、事前に文書通知等で注意事項を伝達

特別管理廃棄物の一覧

主な分類			概要
特別管理一般廃棄物	PCB使用部品		廃エアコン・廃テレビ・廃電子レンジに含まれるPCBを使用する部品
	廃水銀		水銀使用製品（一般廃棄物）から回収したもの又はその処理物（基準不適なもの）
	ばいじん		ごみ処理施設の集じん施設で生じたばいじん
	ダイオキシン類含有物		ダイオキシン類対策特別措置法の廃棄物焼却炉から生じたもので、ダイオキシン類を3 ng/g以上含有するばいじん、燃え殻、汚泥
	感染性一般廃棄物*		医療機関等から排出される一般廃棄物であって、感染性病原体が含まれ若しくは付着しているおそれのあるもの
特別管理産業廃棄物	廃油		揮発油類、灯油類、軽油類（難燃性のタールピッチ類等を除く。）
	廃酸		pH2.0以下の廃酸
	廃アルカリ		pH12.5以上の廃アルカリ
	感染性産業廃棄物*		医療機関等から排出される産業廃棄物であって、感染性病原体が含まれ若しくは付着しているおそれのあるもの
	特定有害産業廃棄物	廃PCB等	廃PCB及びPCBを含む廃油
		PCB汚染物	PCBが付着等した汚泥、紙くず、木くず、繊維くず、プラスチック類、金属くず、陶磁器くず、がれき類
		PCB処理物	廃PCB等又はPCB汚染物の処理物でPCBを一定濃度以上含むもの★
		廃水銀及びその処理物	特定の施設**で生じた廃水銀又は廃水銀化合物、水銀等が含まれる産業廃棄物又は水銀使用製品が産

		業廃棄物となった物から回収した廃水銀、処理廃水銀等（水銀精製で生じた残さ）
	指定下水汚泥	下水道法施行令第13条の4の規定により指定された汚泥★
	鉱さい	重金属等を一定濃度以上含むもの★
	廃石綿等	石綿建材除去事業に係るもの又は大気汚染防止法の特定粉じん発生施設から生じたもので飛散するおそれのあるもの
	ばいじん	大気汚染防止法のばい煙発生施設（水銀関係）からの水銀、産業廃棄物焼却施設からの1,4-ジオキサンを一定濃度以上含むもの★
	ばいじん又は燃え殻	重金属等及びダイオキシン類を一定濃度以上含むもの★
	廃油	有機塩素化合物等を含むもの★
	汚泥、廃酸又は廃アルカリ	重金属、有機塩素化合物、PCB、農薬、セレン、ダイオキシン類等を一定濃度以上含むもの★
輸入廃棄物からの処理ばいじん、燃え殻、汚泥で、環境省令基準、ダイオキシン類含有量（3 ng/g）超★		

（参照：政令第1条、第2条の4）

注）＊：感染性一般廃棄物、感染性産業廃棄物は、発生施設を限定【☞P.17参照】

注）＊＊：規則別表第1①水銀等が含まれている物又は水銀使用製品廃棄物からの水銀回収施設、②水銀使用製品製造施設、③灯台の回転装置を備え付けた施設、④水銀媒体の測定機器、⑤国、自治体の試験研究機関、大学等の試験研究機関、学術研究等の試験研究所

注）★：「一定濃度以上含むもの」とは、環境省令基準（特別管理産業廃棄物判定基準）を超えるものである。（特別管理産業廃棄物判定基準参照）

特別管理産業廃棄物の疑義解釈

- 　揮発廃油を５％以上含む汚泥は、特管廃油と汚泥の混合物である。
- 　廃石綿等は飛散性のものであり、石綿を含む非飛散性のスレートは、特別管理産業廃棄物には当たらない。スレート類（非飛散性）は普通の産業廃棄物であるが、石綿含有産業廃棄物として処分時に留意が必要（破砕しない等）。
- 　特管廃油は焼却処理の技術上の観点から規制されたもの、火災予防ではないので消防法と二重規制ではない。

発生施設限定

1　ばいじん又は燃え殻は、一部の大気汚染防止法の特定施設から発生したもので、水銀、カドミウム、鉛、六価クロム、ヒ素が一定以上の濃度を超えるものは、特別管理産業廃棄物となる。【☞P.200参照】
2　廃油、汚泥、廃酸、廃アルカリは、一部の水質汚濁防止法の特定施設から発生したもので一定濃度以上のものは、特別管理産業廃棄物に該当する。【☞P.202・P.204参照】

特別管理産業廃棄物の判定基準の判断の時期

　金属等を含む産業廃棄物に係る判定基準に適合するかどうかの判断の時期は、排出事業者が自ら処理する場合は、埋立処分行為を行う前に検定し、産業廃棄物処理業者に委託する場合は、委託前にするものである。

特定管理産業廃棄物の判定となる基準は、次のとおりである。

特別管理産業廃棄物判定基準

	燃え殻・ばいじん・鉱さい (mg／ℓ)	汚泥 (mg／ℓ)	廃酸・廃アルカリ (mg／ℓ)	処理物***	
				廃酸・廃アルカリ (mg／ℓ)	廃酸・廃アルカリ以外 (mg／ℓ)
アルキル水銀	ND（不検出）	ND	ND	ND	ND
水銀	0.0006	0.005	0.05	0.05	0.005
カドミウム	0.08	0.09	0.3	0.3	0.09
鉛	0.3	0.3	1	1	0.3
有機燐		1	1	1	1
六価クロム	1.5	1.5	5	5	1.5
砒素	0.3	0.3	1	1	0.3
シアン		1	1	1	1
PCB		0.003	0.03	0.03	0.003
トリクロロエチレン		0.1	1	1	0.1
テトラクロロエチレン		0.1	1	1	0.1
ジクロロメタン		0.2	2	2	0.2
四塩化炭素		0.02	0.2	0.2	0.02
1,2-ジクロロエタン		0.04	0.4	0.4	0.04
1,1-ジクロロエチレン		1	10	10	1
シス-1,2-ジクロロエチレン		0.4	4	4	0.4
1,1,1,-トリクロロエタン		3	30	30	3
1,1,2,-トリクロロエタン		0.06	0.6	0.6	0.06
1,3-ジクロロプロパン		0.02	0.2	0.2	0.02
チウラム		0.06	0.6	0.6	0.06
シマジン		0.03	0.3	0.3	0.03
チオベンカルブ		0.2	2	2	0.2
ベンゼン		0.1	1	1	0.1
セレン又はその化合物	0.3	0.3	1	1	0.3
1,4-ジオキサン	0.5*	0.5	5	5	0.5
ダイオキシン類（TEQ）	3ng/g**	3ng/g	100pg/ℓ	100pg/ℓ	3ng/g

＊ばいじんのみ適用　　＊＊鉱さいは適用せず　　＊＊＊処分するために処理したもの

感染性廃棄物

　感染性廃棄物は、医療関係機関等から生じ、感染性又はそのおそれがある廃棄物である。

> 医療関係機関等とは、①病院、②診療所、③衛生検査所、④介護老人保健施設、⑤感染性病原体を取り扱う施設（助産所、獣医療法の診療施設）、⑥感染性病原体を取り扱う施設で医学、歯学、薬学、獣医学に係るもの（国等の試験研究機関、大学等の附属研究機関、学術研究、製品製造、技術改良等の試験研究所）に限定

　感染性廃棄物は、感染性一般廃棄物と感染性産業廃棄物がある。

　一般廃棄物で感染性のあるものが感染性一般廃棄物、感染性のあるもので産業廃棄物に該当するものが感染性産業廃棄物である。使用済の注射器は、筒は廃プラスチック、針は金属くずで、感染性のある血液等が付着したものは感染性産業廃棄物として処理される。脱脂綿・ガーゼなど血液が付着していれば感染性一般廃棄物であるが、単独で排出することはほとんどなく、感染性産業廃棄物と併せて特別管理産業廃棄物処理業者が取り扱えることになっている。

　感染性廃棄物は特別管理廃棄物として位置付けられ、収集運搬に際しては運搬容器に収納して運搬しなければならない。その運搬容器は、密閉し、収納しやすく、損傷しにくいものと定められている。

　運搬容器の材質は性状に応じた材質を使用し、バイオハザードマークの使用が推奨されている。

ペール缶　　　ケミカルドラム　　　ダンボール箱　　　　　袋

　感染性廃棄物の中間処理の方法は、焼却、消毒の方法等により感染性をなくす方法が規定されており、直接最終処分することは禁止されている。

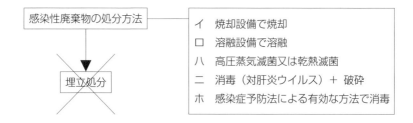

　感染性の判断は「感染性廃棄物処理マニュアル」による。

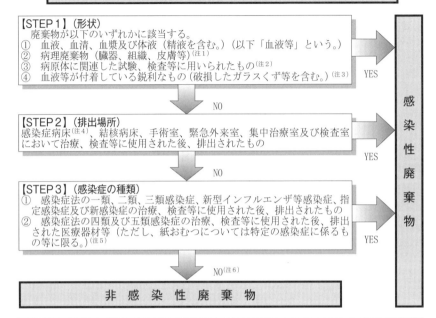

図の文字情報：

感染性廃棄物の判断フロー

【STEP 1】（形状）
廃棄物が以下のいずれかに該当する。
① 血液、血清、血漿及び体液（精液を含む。）（以下「血液等」という。）
② 病理廃棄物（臓器、組織、皮膚等）(注1)
③ 病原体に関連した試験、検査等に用いられたもの(注2)
④ 血液等が付着している鋭利なもの（破損したガラスくず等を含む。）(注3)
　　　　　　　　　　　　　　　　　　　　　　　　YES　→

NO　↓

【STEP 2】（排出場所）
感染症病床(注4)、結核病床、手術室、緊急外来室、集中治療室及び検査室
において治療、検査等に使用された後、排出されたもの
　　　　　　　　　　　　　　　　　　　　　　　　YES　→

NO　↓

【STEP 3】（感染症の種類）
① 感染症法の一類、二類、三類感染症、新型インフルエンザ等感染症、指
　定感染症及び新感染症の治療、検査等に使用された後、排出されたもの
② 感染症法の四類及び五類感染症の治療、検査等に使用された後、排出
　された医療器材等（ただし、紙おむつについては特定の感染症に係るも
　の等に限る。）(注5)
　　　　　　　　　　　　　　　　　　　　　　　　YES　→

NO(注6)　↓

非 感 染 性 廃 棄 物

（右側縦書き）感 染 性 廃 棄 物

(注)　　　次の廃棄物も感染性廃棄物と同等の取扱いとする。
　　　　・外見上血液と見分けがつかない輸血用血液製剤等
　　　　・血液等が付着していない鋭利なもの（破損したガラスくず等を含む。）
(注1)　ホルマリン固定臓器等を含む。
(注2)　病原体に関連した試験、検査等に使用した培地、実験動物の死体、試験管、シャー
　　　　レ等
(注3)　医療器材としての注射針、メス、破損したアンプル・バイアル等
(注4)　感染症法により入院措置が講ぜられる一類、二類感染症、新型インフルエンザ等感
　　　　染症、指定感染症及び新感染症の病床
(注5)　医療器材（注射針、メス、ガラス等）、ディスポーザブルの医療器材（ピンセット、
　　　　注射器、カテーテル類、透析等回路、輸液点滴セット、手袋、血液バック、リネン類等）、
　　　　衛生材料（ガーゼ、脱脂綿、マスク等）、紙おむつ、標本（検体標本）等
　　　　なお、インフルエンザ（鳥インフルエンザ及び新型インフルエンザ等感染症を除
　　　　く。）、伝染性紅斑、レジオネラ症等の患者の紙おむつは、血液等が付着していなけれ
　　　　ば感染性廃棄物ではない。
(注6)　感染性・非感染性のいずれかであるかは、通常はこのフローで判断が可能であるが、
　　　　このフローで判断できないものについては、医師等（医師、歯科医師及び獣医師）に
　　　　より、感染のおそれがあると判断される場合は感染性廃棄物とする。

（出典：「感染性廃棄物処理マニュアル（令和5年5月）」（環境省）をもとに作成）

　血液等は一般的に感染性があるものと位置づけられているが、医師等専門知識のある者が感染性がないと判断すれば、非感染性の廃棄物として扱うことができる。

水銀廃棄物

(1) 水銀に関する水俣条約の成立と廃棄物処理法の取扱い

　世界規模の水銀汚染対策として、「水銀に関する水俣条約」（2013年（平成25年）10月採択、条約成立2017年（平成29年）8月16日。以下「水俣条約」という。）が採択され、同条約を踏まえ、廃棄物処理法の規制が強化された。（政令：平成29年10月1日施行）

(2) 水銀廃棄物の種類

　水銀廃棄物は、次のとおり分類される。

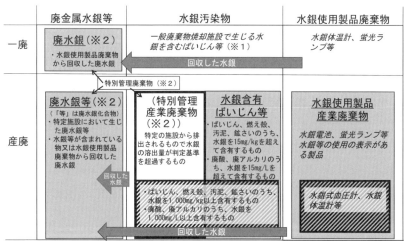

下線：水俣条約を踏まえた廃棄物処理法施行令改正（平成27年）により新たに定義されたもの
斜体：例示

▨　水銀回収義務付け対象

※1　一日当たりの処理能力が5トン以上の一般廃棄物焼却施設から発生するばいじんは特別管理一般廃棄物に該当する
※2　特別管理一般廃棄物又は特別管理産業廃棄物

（出典：「水銀廃棄物ガイドライン　第3版（令和3年3月）」（環境省）を一部改変して作成）

【廃水銀等（特別管理産業廃棄物）】

(1)　以下に示す特定の施設において生じた廃水銀等

　　①水銀若しくはその化合物が含まれている物又は水銀使用製品廃棄物から水銀を回収する施設、②水銀使用製品の製造の用に供する施設、③灯台の回転装置が備え付けられた施設、④水銀を媒体とする測定機器（水銀使用製品（水銀圧入法測定装置を除く。）を除く。）を有する施設、⑤国又は地方公共団体の試験研究機関、⑥大学及びその附属試験研究機関、⑦学術研究又は製品の製造若しくは技術の改良、考案若しくは発明に係る試験研究を行う研究所、⑧農業、水産又は工業に関する学科を含む専門教育を行う高等学校、高等専門学校、専修学校、各種学校、職員訓練施設又は職業訓練施設、⑨保健所、⑩検疫所、⑪動物検疫所、⑫植物防疫所、⑬家畜保健衛生所、⑭検査業に属する施設、⑮商品検査業に属する施設、⑯臨床検査業に属する施設、⑰犯罪鑑識施設

(2)　水銀が含まれている物又は水銀使用製品廃棄物から回収した廃水銀等

【特定有害産業廃棄物（特別管理産業廃棄物）】

　　特別管理産業廃棄物の特定施設から排出されるもので、水銀の溶出量が判定基準を超過するもの

【水銀含有ばいじん等（特別管理産業廃棄物ではない）】

　　①　水銀を15mg/kgを超えて含有するばいじん、燃え殻、鉱さい、汚泥

　　②　水銀を15mg/ℓを超えて含有する廃酸、廃アルカリ

なお、①については水銀を1,000mg/kg以上含有する場合、②については水銀を1,000mg/ℓ以上含有する場合には、処分等をする前にあらかじめ水銀の回収が義務付けられている。

【水銀使用製品産業廃棄物（特別管理産業廃棄物ではない）】

(1)　水銀使用製品のうち次の43種類で、そのうち、水銀回収義務づけは24種類

　　①水銀電池、②空気亜鉛電池、③＊スイッチ及びリレー（水銀が目視確認できるもの）、④＊蛍光ランプ、⑤＊HIDランプ、⑥＊放電ランプ、⑦農薬、⑧気圧計、⑨湿度計、⑩液柱形圧力計、⑪＊弾性圧力計、⑫＊圧力伝送

器、⑬＊真空計、⑭ガラス製温度計、⑮＊水銀充満圧力式温度計、⑯水銀体温計、⑰水銀式血圧計、⑱温度定点セル、⑲＊顔料、⑳ボイラ（二流体サイクル）、㉑灯台の回転装置、㉒水銀トリム・ヒール調整装置、㉓＊放電管（水銀が目視確認できるもの）、㉔水銀抵抗原器、㉕差圧式流量計、㉖傾斜計、㉗水銀圧入法測定装置、㉘＊周波数標準機、㉙ガス分析計、㉚容積形力形、㉛滴下水銀電極、㉜参照電極、㉝水銀等ガス発生器、㉞握力計、㉟医薬品、㊱水銀の製剤、㊲塩化第一水銀の製剤、㊳塩化第二水銀の製剤、㊴よう化第二水銀の製剤、㊵硝酸第一水銀の製剤、㊶硝酸第二水銀の製剤、㊷チオシアン酸第二水銀の製剤、㊸酢酸フェニル水銀の製剤

(2)　(1)の製品の組み込み製品（＊印のあるものを除く。）

(3)　水銀又はその化合物の使用に関する表示がされている製品

水銀回収義務づけ製品（24種類）

1	スイッチ及びリレー	13	水銀トリム・ヒール調整装置
2	気圧計	14	放電管（放電ランプ（蛍光ランプ及びHIDランプを含む。）を除く。）
3	湿度計	15	差圧式流量計
4	液柱形圧力計	16	浮ひょう形密度計
5	弾性圧力計	17	傾斜計
6	圧力伝送器	18	積算時間計
7	真空計	19	容積形力計
8	ガラス製温度計	20	ひずみゲージ式センサ
9	水銀充満圧力式温度計	21	滴下水銀電極
10	水銀体温計	22	電量計
11	水銀式血圧計	23	ジャイロコンパス
12	灯台の回転装置	24	握力計

廃石綿・石綿含有廃棄物

　アスベスト（石綿）は発ガン性を有することから、一部を除いて石綿を含む製品の製造等は全面禁止となっている。

　現在使われている製品等を解体、除去等する場合、産業廃棄物として処理されるときに問題となる。

　廃棄物処理法では、石綿を含む製品等を解体、除去後に廃棄物として処理する場合、飛散のおそれのある特別管理産業廃棄物の「廃石綿等」と、飛散のおそれは低いが、取扱いに注意を要する廃棄物（特別管理産業廃棄物ではない。）として、「石綿含有一般廃棄物」、「石綿含有産業廃棄物」がある。

廃石綿等（特別管理産業廃棄物）

石綿建材除去作業によって除去されたもの
・廃石綿、石綿保温材、けいそう土保温材、パーライト保温材など
・石綿除去作業に使われたプラスチックシート、防じんマスク、作業衣など

石綿含有一般廃棄物
石綿含有産業廃棄物

工作物の新築、改築又は除去に伴って生じた廃棄物であって、石綿をその重量の0.1%を超えて含有するもの（廃石綿等を除く。）

(1)　廃石綿等

　特別管理産業廃棄物として、収集運搬に当たっては他の廃棄物と分別することが定められており、埋め立てる場合は、あらかじめ固型化又は薬剤による安定化などの措置をとった後、耐水性の材料で二重梱包することで、管理型処分

場の一定の場所（分散しないこと。）に処分することができる。また、有害性をなくす方法として、溶融処理又は無害化処理を行うことにより、安定型処分場（又は管理型処分場）で処分可能となる。

【収集運搬基準】

他のものと混合 ▶ 禁止

【最終処分基準】

固型化、薬剤で安定化等後、耐水性材料で二重梱包 ▶ 処分場内の一定の場所で処分、分散しないこと。

【処分・再生基準】

処分・再生の方法 ── ① 溶融処理で石綿検出なし ② 無害化処理認定

(2) 石綿含有一般廃棄物、石綿含有産業廃棄物

　石綿含有廃棄物についても、通常の産業廃棄物より厳しい処理基準が規定されており、保管に当たっては覆いや梱包などの飛散防止措置をとること、収集運搬に当たっては他の廃棄物と混合しないことが規定されている。また、処分に当たっては、埋立処分方法として一定の場所において分散しないように行う。中間処理の方法として、廃石綿等と同様の処理がある。

【収集運搬基準】

他のものと混合 ▶ 破砕せず、混合せず他のものと区分

積替保管 ▶ 仕切り

【埋立処分】

　▶一定の場所、分散しない

　▶飛散・流出なし、表面土砂で覆い

⑶　無害化処理認定制度

　人の健康又は生活環境に係る被害が生ずるおそれがある性状を有する石綿含有廃棄物について、高度な技術を用いて無害化する処理を行う者を個々に環境大臣が認定し、認定を受けた者については、廃棄物処理業及び施設設置許可を不要とする制度である。

　対象廃棄物は、①石綿含有一般廃棄物（工作物の除去等によるもので、石綿含有0.1％以上）、②廃石綿等、③石綿含有産業廃棄物（工作物の除去等によるもので、石綿含有0.1％以上）である。

PCB廃棄物

(1)　PCB（ポリ塩化ビフェニル）

　PCBは、不燃性、電気絶縁性が高いなど、化学的にも安定な性質を有することから、電気機器の絶縁油、熱交換器の熱媒体、ノンカーボン紙など様々な用途で利用された。

　しかしながら、1968年（昭和43年）、食用米ぬか油の製造工程で油を加熱するために使用されたPCBが米ぬか油に混入するカネミ油症事件が発生した。

　PCBは生体内にたやすく取り込まれ、残留性が高く、皮膚障害（吹き出物・色素沈着）などの慢性毒性が認められたため、1972年（昭和47年）に製造禁止となり、それまでに使われていたPCBの一部は焼却処理されたが、長期にわたって各事業者で保管する措置をとってきた。

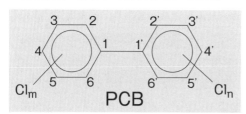

(2)　PCB廃棄物

PCB廃棄物には、廃PCB、PCB汚染物、PCB処理物がある。

　イ　廃ポリ塩化ビフェニル（PCB）等
　　　廃PCB、PCBを含む廃油

　ロ　PCB汚染物（事業活動等発生物）
　　　・PCBが塗布・染み込んだ汚泥、紙くず、木くず、繊維くず
　　　・PCB付着、封入の廃プラスチック類、金属くず、陶磁器くず、がれき類

ハ　PCB処理物

廃PCB、PCBを含む廃油を処分するために処理したもの

（特別管理産廃として適用しない濃度）①廃油0.5mg/kg以下、②廃酸、

廃アルカリ0.03mg/ℓ以下、③廃プラ、金属くず、陶磁器くず：付着、封

入なし、④その他0.003mg/検液ℓ以下

(3)　PCBの処理

　PCB廃棄物については、「ポリ塩化ビフェニール廃棄物の適正な処理の推進に関する特別措置法」が定められ、令和9年3月31日までに処分することとされた。

　高濃度のPCBを含有しているPCB廃棄物（変圧器、コンデンサーなど）は中間貯蔵・環境安全事業株式会社が全国5つのPCB処理事業者ごとに計画的完了期限が定められ、令和7年度までにPCB廃棄物の処理を完了することになった。

　高濃度PCB廃棄物処分の進捗状況（令和4年1月末）を見ると、処理済み大型変圧器約99％、大型コンデンサー約98％となっており、北九州（平成30年3月末までに処分）の変圧器・コンデンサーの処理施設は解体工事中であるが、その後掘り起こし調査で約500台発見された。

　安定器・汚染物についても、処理済み約77％（1.7/2.2万トン）となっている。処分期間終了後も残存しているものがあるため、国は令和4年5月にPCB廃棄物処理計画を変更し、既存施設を活用し、処理を継続することとした。

　低濃度PCBの取扱いとして、PCBを使用していないとする電気機器又はOF（Oil Filled）ケーブルであって、数mg/kgから数十mg/kgのPCBによって汚染された絶縁油を含むものが多量に存在しており、これらの電気機器等が廃棄物となったもの（微量PCB汚染廃電気機器等）については、アスベストと同様無害化認定の対象として処理されている。

ダイオキシン類

ポリ塩化ジベンゾーパラージオキシン（PCDD）、ポリ塩化ジベンゾフラン（PCDF）及びコプラナー PCB（PCBのうち平面体構造のもの）をまとめてダイオキシン類と呼んでいる。

ダイオキシンの構造式

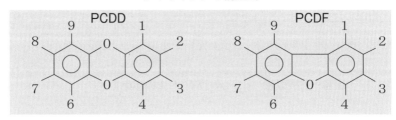

塩素の付く位置（1～4、6～9）で形が変わるので、PCDDは75種類、PCDFは135種類の仲間がある。

(1)　ダイオキシン類の発生源

ダイオキシン類は意図的に作られることはないが、ごみの焼却による燃焼工程、金属精錬の燃焼工程、紙などの塩素漂白工程など様々なところで発生する。平成9年度の排出量は一般廃棄物焼却施設が最も多く6割強をしめていたが、その後、燃焼管理の対策が進み、99％以上削減された。

(2)　ダイオキシン類の毒性

ダイオキシン類はモルモットの急性毒性実験で、感受性が強い値を示しているため、「地上最強の毒性」と言われている。しかし、実験動物の種類による影響の差が大きく、人間に対する急性毒性は低いと考えられる。

一方、IARC（WHO（世界保健機関）の下部組織）では、2,3,7,8-TCDD（四塩化ジベンゾーパラージオキシン）は発ガン性があると評価され、動物実験か

らプロモーター作用があると言われている。我が国の通常の環境レベルではガンになるほどではないと考えられている。

　ダイオキシン類は異性体が多いため、一番毒性の高い2,3,7,8-TCDDを1として、他の化合物の毒性は2,3,7,8-TCDDに換算し、総和を毒性容量（TEQ）として示している。なお、平成20年4月から新換算係数となっている。

(3)　耐容一日摂取量

　ダイオキシン類を人が一生涯にわたって継続的に摂取したとしても健康に影響を及ぼすおそれがない一日当たりの摂取量を「耐容一日摂取量」として定められている。

> 耐容一日摂取量　4〔pg-TEQ／人の体重1kg〕

　なお、耐容一日摂取量は、人が生涯にわたって摂取し続けた場合の健康影響を指標とした値として定められたものである。一時的にこの値を超過する量の暴露を受けたからといって、健康を損なうものではない。

2,3,7,8-TCDDの毒性への換算表

種　類	異　性　体	換算係数
PCDF	2,3,7,8-四塩化ジベンゾフラン	0.1
	1,2,3,7,8-五塩化ジベンゾフラン	0.03
	2,3,4,7,8-五塩化ジベンゾフラン	0.3
	1,2,3,4,7,8-六塩化ジベンゾフラン	0.1
	1,2,3,6,7,8-六塩化ジベンゾフラン	0.1
	1,2,3,7,8,9-六塩化ジベンゾフラン	0.1
	2,3,4,6,7,8-六塩化ジベンゾフラン	0.1
	1,2,3,4,6,7,8-七塩化ジベンゾフラン	0.01
	1,2,3,4,7,8,9-七塩化ジベンゾフラン	0.01
	八塩化ジベンゾフラン	0.0003
PCDD	2,3,7,8-四塩化ジベンゾ−パラ−ジオキシン	1
	1,2,3,7,8-五塩化ジベンゾ−パラ−ジオキシン	1
	1,2,3,4,7,8-六塩化ジベンゾ−パラ−ジオキシン	0.1
	1,2,3,6,7,8-六塩化ジベンゾ−パラ−ジオキシン	0.1
	1,2,3,7,8,9-六塩化ジベンゾ−パラ−ジオキシン	0.1
	1,2,3,4,6,7,8-七塩化ジベンゾ−パラ−ジオキシン	0.01
	八塩化ジベンゾ−パラ−ジオキシン	0.0003
Co-PCB	3,4,4',5-四塩化ビフェニル	0.0003
	3,3',4,4'-四塩化ビフェニル	0.0001
	3,3',4,4',5-五塩化ビフェニル	0.1
	3,3',4,4',5,5'-六塩化ビフェニル	0.03
	2,3,3',4,4'-五塩化ビフェニル	0.00003
	2,3,4,4',5-五塩化ビフェニル	0.00003
	2,3',4,4',5-五塩化ビフェニル	0.00003
	2',3,,4,4',5-五塩化ビフェニル	0.00003
	2',3,3',4,4',5-六塩化ビフェニル	0.00003
	2,3,3',4,4',5-六塩化ビフェニル	0.00003
	2,3',4,4',5,5'-六塩化ビフェニル	0.00003
	2,3,3',4,4',5,5'-七塩化ビフェニル	0.00003

(4) 廃棄物焼却施設の排ガス、排出水の規制

廃棄物焼却施設におけるダイオキシン対策は、下図のとおりである。

廃棄物処理法、大気汚染防止法では規制対象が燃焼能力200kg/h以上となっているが、ダイオキシン類対策特別措置法では50kg/h以上が対象となっている。

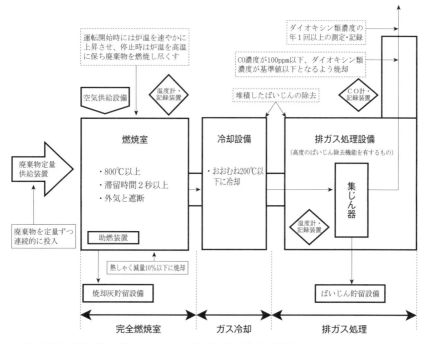

廃棄物処理施設のダイオキシン類の排ガス排出基準値は、次表のとおりである。

単位：ng-TEQ/㎥

焼却能力	基準
4t/h以上	0.1
2〜4t/h	1
2t/h未満	5

　また、廃棄物処理施設からの排水基準は、ダイオキシン濃度10pg-TEQ/ℓ となっている。

⑸　廃棄物焼却施設からのばいじんの処理

　廃棄物焼却施設から排出され、集じん機によって集められたばいじん及び焼却灰その他燃え殻について、処分を行う場合はダイオキシン類の含有量の基準3 ng-TEQ/g以下に処理することが定められている。

　ただし、平成12年1月15日までに設置済の施設で、①セメント固化、②薬剤処理、③酸抽出による重金属対策を行っている場合は、基準が適用されない。

⑹　最終処分場における措置

　一般廃棄物最終処分場及び産業廃棄物の管理型最終処分場における最終処分場のダイオキシン類の措置は、図のとおりである。廃棄物の最終処分場内には、土壌環境基準は適用されない。

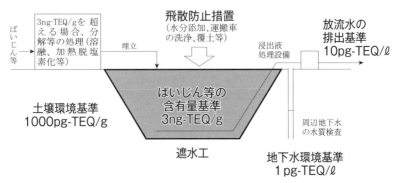

特別管理産業廃棄物管理責任者

> その事業活動に伴い特別管理産業廃棄物を生ずる事業場を設置している事業者は、当該事業場ごとに、当該事業場に係る当該特別管理産業廃棄物の処理に関する業務を適切に行わせるため、特別管理産業廃棄物管理責任者を置かなければならない。　　　　　　　　　　　　　　　〔法第12条の2第8項〕

　特別管理産業廃棄物を発生させる事業所は、「特別管理産業廃棄物管理責任者」を設置しなければならない。感染性産業廃棄物とそれ以外の特別管理産業廃棄物は資格要件が異なっている。特別管理産業廃棄物の業務とは、①特別管理産業廃棄物の排出状況の把握（帳簿記載義務、保存5年）、②処理計画を立てること、③適正な処理の確保（保管状況の確認、委託の実施、マニフェストの実施等）が考えられる。

特別管理産業廃棄物管理責任者

- 事業場内で発生する特別管理産業廃棄物を当該事業所内で処分し、当該事業場外に特別管理産業廃棄物を排出しない場合であっても、特別管理産業廃棄物管理責任者の設置は必要である。
- PCBを含む廃電気機器を保有している事業者は、特別管理産業廃棄物処理責任者の設置や処理状況報告は必要である。
- 特別管理産業廃棄物処理責任者の設置は、「当該事業場ごと」となっているが、飛散性アスベストの石綿建材除去事業の場合は、工事現場ごととなる。

特別管理産業廃棄物管理責任者の資格			

廃棄物の処理に関する技術上の実務経験最低年数			
(1)	感染性	イ 医師、歯科医師、薬剤師、獣医師、保健師、助産師、看護師、臨床検査技師、衛生検査技師、歯科衛生士	不要
		ロ 2年以上環境衛生指導員の職にあった者	不要
		ハ 医学、薬学、保健学、衛生学、獣医学課程修得・大学等卒業又は同等以上の知識を有する者	不要
(2)	その他	イ 2年以上環境衛生指導員の職にあった者	不要
		ロ 〔A〕で、衛生工学、化学工学関連科目修得	2年以上
		ハ 〔A〕でロ以外の科目修得	3年以上
		ニ 〔B〕で衛生工学又は化学工学関連科目修得	4年以上
		ホ 〔B〕でニ以外の科目修得	5年以上
		ヘ 高校の土木科、化学科及び関連学科卒業	6年以上
		ト 高校の理学、工学、農学関連科目修得卒業	7年以上
		チ 10年以上、廃棄物の処理に関する技術上の実務に従事した者	
		リ 上記イ〜チと同等以上の知識・技能を有する者	

理学、薬学、工学、農学課程卒業者

大 学	短 大
〔A〕	〔B〕

☑ チェック Q&A ①

質問1　次に掲げる廃棄物は、一般廃棄物と産業廃棄物のどちらに該当するか。

輸入業者が輸入したバナナ等の果実や生鮮野菜の腐ったものを通関手続き後に陸上で処理するもの

◀◀◀ 回答 ▶▶▶

食料品製造業等の業種に該当しないので、一般廃棄物である。

◀◀◀ 解説 ▶▶▶

政令第2条第4号に、食料品製造業、医薬品製造業又は香料製造業に該当する事業活動に伴って生ずる動物又は植物に係る固形状の不要物（動物性残さ）を産業廃棄物と規定している。

質問2　有償売却できる産業廃棄物の引渡し

再生利用が予定されている産業廃棄物について、再生利用の入り口となる、引渡し（輸送）の過程で廃棄物処理法の規制を及ぼすのは、円滑なリサイクル市場の発展を阻害するのではないか。

◀◀◀ 回答 ▶▶▶

廃棄物処理法の規制を適用する。

◀◀◀ 解説 ▶▶▶

廃棄物処理法が他人に有償で売却することができない物を廃棄物としてとらえて規制を及ぼしているのは、たとえそれが他者に引き渡した後に再処理等により有償で売却できるものになるとしても、今その物を占有している者にとって不要である場合、ぞんざいに扱われ生活環境保全上の支障を生じるおそれがあることによるものである。

このように、廃棄物について、いずれ有償売却されることや再生利用されることを理由に廃棄物処理法の規制を及ぼさないことは不適切であり、再生

利用するために有償で譲り受ける者が占有者となるまでは、廃棄物処理法の規制を適用する必要がある。

(参考文献：英保次郎著『九訂版　廃棄物処理法Q&A』東京法令出版)

第 2 章

排出事業者・処理責任・処理計画

関係者の責務

(1) 国民の責務

　国民は、廃棄物の排出を抑制し、再生品の使用等により廃棄物の再生利用を図り、廃棄物を分別して排出し、その生じた廃棄物をなるべく自ら処分すること等により、廃棄物の減量その他その適正な処理に関し国及び地方公共団体の施策に協力しなければならない。　　　　　　　〔法第２条の４〕

　国民一人一人が廃棄物の排出抑制や再生利用に主体的に取り組んでいくとともに、廃棄物の減量のための行政施策の実効を上げるためには、国民の協力が不可欠である。

【国民の責務】

　国民の責務として、①廃棄物の排出の抑制、②再生品使用等による廃棄物の再生利用、③廃棄物を分別して排出、④生じた廃棄物をなるべく自ら処分すること等により、廃棄物の減量、その適正処理に関して国や地方公共団体の行う施策に協力しなければならない。

(2)　事業者の責務

> 　事業者は、その事業活動に伴って生じた廃棄物を自らの責任において適正
> に処理しなければならない。　　　　　　　　　　　　　〔法第3条第1項〕
> 　事業者は、その事業活動に伴って生じた廃棄物の再生利用等を行うことに
> よりその減量に努めるとともに、物の製造、加工、販売等に際して、その製
> 品、容器等が廃棄物となった場合における処理の困難性についてあらかじめ
> 自ら評価し、適正な処理が困難にならないような製品、容器等の開発を行う
> こと、その製品、容器等に係る廃棄物の適正な処理の方法についての情報を
> 提供すること等により、その製品、容器等が廃棄物となった場合においてそ
> の適正処理が困難になることのないようにしなければならない。
> 　　　　　　　　　　　　　　　　　　　　　　　　　〔法第3条第2項〕

　事業活動に伴って生じた廃棄物とは、一般廃棄物か産業廃棄物かを問わない
ものであり、排出者責任の原則を明示したものである。自らの責任において、
自らの手による処理にとどまらず、廃棄物処理業者又は公共団体への処理委託
を含むものである。

　一般廃棄物の処理については市町村の固有事務となっており、住民からの一
般廃棄物処理に支障を来すような場合には事業者に協力を求めることができ
る。

適正処理困難物に係る事業者協力

　法第6条の3第1項に、環境大臣が適正処理困難物（スプリン
グマットレス等）を指定しているが、指定物以外のものを条例で
指定し、回収を義務づけることは可能である。

【事業者の責務】

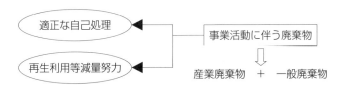

　また、製品等の製造者、加工者、販売者等としての事業者は、物の製造、加工、販売等に際して、その製品や容器等が廃棄物となった場合に、排出抑制、適正な循環的利用及び処分が円滑に実施できるよう、容器包装の簡素化、繰り返し使用できる商品及び耐久性に優れた商品の製造又は販売、修繕体制の整備、建物の長寿命化などその適正な処理が困難とならないような製品、容器等の開発を行うこと、その製品、容器等の廃棄物の適正処理について、必要な情報の提供に努めなければならない。

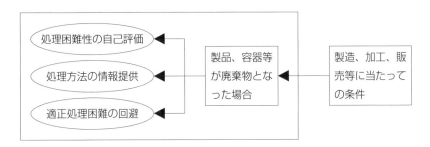

(3)　国及び地方公共団体の責務

　　市町村は、その区域内における一般廃棄物の減量に関し住民の自主的な活動の促進を図り、及び一般廃棄物の適正な処理に必要な措置を講ずるよう努めるとともに、一般廃棄物の処理に関する事業の実施に当たっては、職員の資質の向上、施設の整備及び作業方法の改善を図る等能率的な運営に努めなければならない。　　　　　　　　　　　　　　　　　　　　　　　〔第4条第1項〕

【市町村の責務】

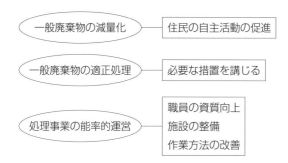

　一般廃棄物の処理に関することは、市町村の事業であることを表している。

　　都道府県は、市町村に対し、前項の責務が十分に果たされるように必要な技術的援助を与えることに努めるとともに、当該都道府県の区域内における産業廃棄物の状況を把握し、産業廃棄物の適正な処理が行われるように必要な措置を講ずることに努めなければならない。　　　〔法第4条第2項〕

【都道府県の責務】

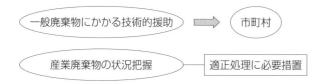

　都道府県の責務としては、市町村に対し、一般廃棄物の処理事業が円滑に実施されるために必要な技術的援助と都道府県の区域内における産業廃棄物の適正処理のために必要な措置を講ずることであることが示されている。

　国は、廃棄物に関する情報の収集、整理及び活用並びに廃棄物の処理に関する技術開発の推進を図り、並びに国内における廃棄物の適正な処理に支障が生じないよう適切な措置を講ずるとともに、市町村及び都道府県に対し、前2項の責務が十分に果たされるように必要な技術的及び財政的援助を与えること並びに広域的な見地からの調整を行うことに努めなければならない。

〔法第4条第3項〕

【国の責務】

　国の責務としては、廃棄物に関する情報の収集、整理及び活用並びに廃棄物の処理に係る技術開発の推進を図るとともに、市町村及び都道府県に対し、必要な技術的、財政的な援助並びに広域的な見地から調整を行うことが示されている。

廃棄物処理責任

> 市町村は、一般廃棄物処理計画に従って、その区域内における一般廃棄物を生活環境の保全上支障が生じないうちに収集し、これを運搬し、及び処分しなければならない。　〔法第6条の2〕
>
> 事業者は、その事業活動に伴って生じた廃棄物を自らの責任において適正に処理しなければならない。　〔法第3条〕
>
> 事業者は、その産業廃棄物を自ら処理しなければならない。
> 〔法第11条第1項〕

(1) 市町村処理責任

一般廃棄物の処理は市町村の自治事務として、義務及び権限が定められている。

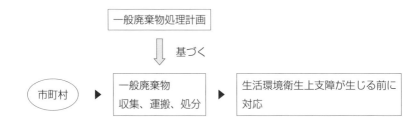

廃棄物処理法上、一般廃棄物の市町村処理責任とは、区域内の一般廃棄物を市町村が全てを自ら処理（直営で）しなければならないということではない。

市町村処理責任とは、市町村で直接処理する責任の他に、委託業者、許可業者に処理してもらうもの、及び市町村地域内で事業者責任として事業者が処理するものについても、市町村は市町村区域から発生する一般廃棄物の適正処理を管理・統括する責任を有していると解されている。

当該市町村が自ら処理を行う場合はもとより、委託業者等が実施する場合でも、その行為の責任は引き続き市町村が有するものである。

　また、市町村における処理責任に照らすと、市町村は一般廃棄物の処理を他人に委託して行わせる場合、委託基準を遵守することはもちろんのこと、受託者が一般廃棄物処理基準に従った処理を行うよう、一般廃棄物の最終処分が終了するまでの適正な処理を確保しなければならないものである。

　さらに、受託者（委託業者）により一般廃棄物処理基準に適合しない収集運搬が行われた場合、市町村は一般廃棄物の統括的な処理責任があるので、委託基準を遵守したか否かにかかわらず、市町村自ら生活環境の保全上の支障の除去や発生防止の措置を講じなければならない。

(2) 排出事業者責任

　一般廃棄物と産業廃棄物は処理責任体制が異なり、産業廃棄物は事業者責任となっている。産業廃棄物の自ら処理は自己処理責任の原則であり、「自ら処理」の中には産業廃棄物処理業者等に委託する場合も含むと考えられる。

　「事業者」とは、必ずしも営利を目的として事業を営む者のみとは限らず、公共公益事業等を営む者も含まれ、国又は地方公共団体であっても、これらの事業を営む主体として把握できる場合には、事業者となる。

　近年では、排出事業者責任の一環として、各種リサイクル法の制定などによる製造事業者が一定の役割を果たしてもらういわゆる拡大生産者責任（EPR）が浸透しつつある。

　排出事業者については、製造工場、事業場からの廃棄物であれば、その事業者が排出者である。廃棄物処理法第21条の3に「建設工事に伴い生ずる廃棄物の処理に関する例外」が定められた他は、明確に定められているわけではない。

① **ビルの清掃業**

　工場、事務所の清掃を委託された清掃業者は、清掃前から存在する廃棄物を集めているだけであるので、清掃という事業活動で排出されたものではない。排出事業者は、工場、事務所の事業活動をしている者である。

② **建設業**

　建設工事に伴い生ずる廃棄物処理責任は、元請業者と位置づけられた（法第21条の３）。

　例外措置として、

・　下請負人が行う建設工事現場内での産業廃棄物の保管は、元請負業者及び下請負人の双方に産業廃棄物保管基準が適用される。

・　下請負人が少量（維持修繕工事等で500万円以下、運搬量１㎥/日以下）で、請負契約の定めるところにより自ら運搬を行う場合は、当該下請負人を事業者とみなし、収集運搬基準が適用される。廃棄物処理業の許可がなくても運搬可能である。

・　下請負人が建設工事に伴い生ずる廃棄物の運搬又は処分を他人に委託する場合には、当該下請負人を事業者とみなし、廃棄物の処理の委託に関する規定を適用する。元請負業者が下請負人に対し、口頭による指示又は示唆であっても、委託基準が適用されることに注意しなければならない。

建設工事に伴う廃棄物の処理の例外

③　梱包材と運搬業者

製品を納入する場合に、製品保護のため梱包材が使われる。この費用は売主が負担する。納品後不要となった梱包材は売主の事業活動に伴った廃棄物で、売主が排出事業者として処理責任を有する。

ただし、売買契約上の特約により、買主が梱包材ごと引き取り、買主が不要となった時点で買主が排出事業者として処理することはできる場合がある。

④　倉庫で放置

倉庫に保管中の他人から預かった物品が不要となり腐敗し、持ち主が引き取りに応じない又は倒産で消滅したなどの場合は、倉庫事業者は占有者として、倉庫業の事業活動で排出される廃棄物の事業者として処理できる場合がある。

⑤　その他

流通に伴うものやメンテナンスに伴って発生した廃棄物の排出事業者が誰かということが明確ではない場合もある。

複数業種の判断

　産業廃棄物が業種限定になっているものについて、複数の事業活動を有する事業所の場合、それぞれの排出源、排出過程、排出時点で決まる。

廃棄物処理計画

(1)　都道府県廃棄物処理計画

　都道府県は、基本方針に即して、当該都道府県の区域内における廃棄物の減量その他その適正な処理に関する計画（以下「廃棄物処理計画」という。）を定めなければならない。　　　　　　　　　　　　〔法第5条の5〕

　都道府県は、廃棄物の減量及び適正処理に関する施策を総合的に推進するため、国の定めた廃棄物施策の基本的な方針に従って、区域内における廃棄物の減量その他その適正処理に関する計画を定めなければならない。

　特に、民間事業者による施設整備が十分に行われていない状況にあるので、都道府県が廃棄物処理施設整備に関与することを含めた施設整備に関する事項を明確に位置づけることとなった。

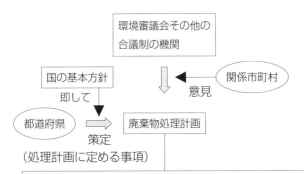

（処理計画に定める事項）

① 廃棄物の発生量、処理量見込み
　・廃棄物の種類ごと
② 減量、適正処理に関する基本的事項
　・廃棄物の排出量等の現状
　・廃棄物の排出抑制、適正処理の目標と目標達成に必要な方策
　・不適正処理防止に必要な監視・指導
③ 一般廃棄物の適正処理確保に必要な体制に関する事項
　・広域的な処理　　・減量等の技術援助
④ 産業廃棄物処理施設の整備に関する事項
　・処理施設確保方策　　・施設整備配慮事項
⑤ 非常災害時において、②～④に掲げる事項に関する施策実施に必要な事項

(2)　市町村一般廃棄物処理計画

　市町村は、当該市町村の区域内の一般廃棄物の処理に関する計画（以下「一般廃棄物処理計画」という。）を定めなければならない。

〔法第6条第1項〕

　一般廃棄物処理計画は、法目的である生活環境の保全と公衆衛生の向上を確保するため、一般廃棄物の統括的な処理責任を負う市町村がその区域内の一般廃棄物を管理し、適正な処理を確保するための基本となる計画である。

　市町村は、区域内の一般廃棄物の処理について、一般廃棄物処理計画を定め、これに基づいて処理を進めなければならない。一般廃棄物処理計画は長期

の計画で、施設の整備なども含めた基本的なことを決める基本計画と、毎年度の実施内容を決める実施計画とからなる。基本計画は目標年次をおおむね10年から15年先において、おおむね5年ごとに改定するとともに、計画策定の前提となっている諸条件に大きな変動があった場合には見直しを行うことが適当である。

　「11　廃棄物処理責任」の「(1)　市町村処理責任」で示したとおり、市町村は統括的な処理責任の下、市町村自ら処理する一般廃棄物のみならず、市町村以外のものが処理する一般廃棄物を含め、当該市町村で発生する全ての一般廃棄物の適正な処理を確保しなければならず、その基本となるものが一般廃棄物処理計画である。

　また、一般廃棄物は区域内で完結することが基本であるが、発生した一般廃棄物が区域外で再生・処理される場合はお互いの一般廃棄物処理計画と齟齬を来さないよう努めることにより、調和を図る必要がある。

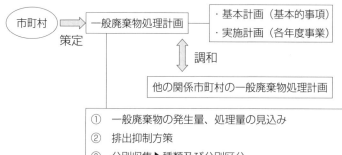

一般廃棄物処理計画

- 市町村が処理する一般廃棄物のみでなく、多量に廃棄物を排出する事業者など市町村以外の者が処理する一般廃棄物も対象
- 一般廃棄物処理計画は、環境審議会の意見聴取はない。

⑶　産業廃棄物多量排出事業者の処理計画

【産業廃棄物】

　　その事業活動に伴い多量の産業廃棄物を生ずる事業場を設置している事業者として政令で定めるもの（次項において「多量排出事業者」という。）は、環境省令で定める基準に従い、当該事業場に係る産業廃棄物の減量その他その処理に関する計画を作成し、都道府県知事に提出しなければならない。　　　　　　　　　　　　　　　　　　　　　　〔法第12条第9項〕

　　多量排出事業者は、前項の計画の実施状況について、環境省令で定めるところにより、都道府県知事に報告しなければならない。　〔法第12条第10項〕

　多量排出事業者とは、前年度の産業廃棄物が千トン以上である事業場を設置している事業者で、産業廃棄物発生量の減量その他の処理に関する計画を作成して都道府県知事に提出し、さらに計画の実施状況を報告しなければならない。また、都道府県知事はその計画及び実施状況について公表することになっている。

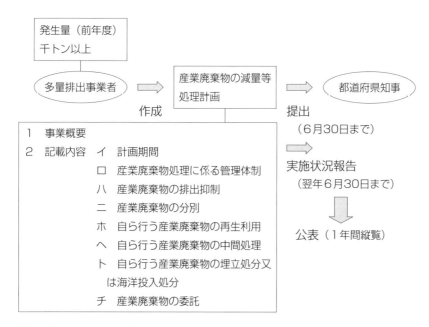

【特別管理産業廃棄物】

　特別管理産業廃棄物の多量排出事業者は、前年度の特別管理産業廃棄物発生量が50トン以上である。処理計画記載内容に特別管理産業廃棄物の適正処理のため講じる措置及び電子マニフェストの使用が追加されている。

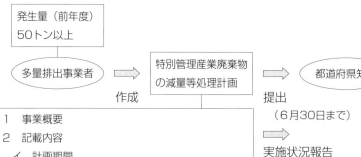

発生量（前年度）
50トン以上

多量排出事業者 → 特別管理産業廃棄物
の減量等処理計画
作成

→ 都道府県知事

提出
（6月30日まで）

実施状況報告
（翌年6月30日まで）

公表（1年間縦覧）

1　事業概要
2　記載内容
　イ　計画期間
　ロ　特管産業廃棄物処理に係る管理体制
　ハ　特管産業廃棄物の排出抑制
　ニ　特管産業廃棄物の分別
　ホ　自ら行う特管産業廃棄物の再生利用
　ヘ　自ら行う特管産業廃棄物の中間処理
　ト　自ら行う特管産業廃棄物の埋立処分
　チ　特管産業廃棄物の委託
　リ　電子情報処理組織の使用

☑ チェック Q&A ②

> **質問3**　建物解体時における残置物の取扱い
>
> 　解体を予定している建物中に残置された廃棄物処理の責任は誰か。

◀◀◀ 回答 ▶▶▶

　当該建築物の所有者等である。

◀◀◀ 解説 ▶▶▶

1　建築物の解体に伴い生じた廃棄物（以下「解体物」という。）について
　は、その処理責任は当該解体工事の発注者から直接当該工事を請け負った元
　請業者にある。一方、建築物の解体時に当該建築物の所有者等が残置した廃
　棄物（以下「残置物」という。）については、その処理責任は当該廃棄物の
　所有者にある。このため、建築物の解体を行う際には、解体前に当該建築物
　の所有者等が残置物を適正に処理する必要がある。

2　解体物は、木くず、がれき類等の産業廃棄物である場合が多い一方、残置
　物については、一般家庭が排出する場合は一般廃棄物となり、事業活動を行
　う者が排出する場合は当該廃棄物の種類、性状により一般廃棄物又は産業廃
　棄物になる。

3　一般廃棄物に該当する残置物が、いわゆる夜逃げ等により当該建築物の所
　有者が所在不明である等のため、当該建築物の所有者等による適正な処理が
　行われない場合には、市町村は関係者に対して適正な処理方法を示すほか、
　必要に応じて適正な処理を確保する必要がある。

（参考文献：英保次郎著『九訂版　廃棄物処理法Q&A』東京法令出版）

第 **3** 章

廃棄物処理基準

廃棄物処理基準

　廃棄物の処理に関して、廃棄物処理基準が定められており、この基準に従って処理をしなければならない。

(1)　一般廃棄物の処理

　市町村は、一般廃棄物処理計画に従って、その区域内における一般廃棄物を生活環境の保全上支障が生じないうちに収集し、これを運搬し、及び処分しなければならない。　　　　　　　　　　　　　　　　〔法第6条の2第1項〕

　市町村が行うべき一般廃棄物の収集、運搬及び処分に関する基準（以下「一般廃棄物処理基準」という。）並びに市町村が一般廃棄物の収集、運搬又は処分を市町村以外の者に委託する場合の基準は、政令で定める。
　　　　　　　　　　　　　　　　　　　　　　　　　〔法第6条の2第2項〕

　市町村が行うべき特別管理一般廃棄物の収集、運搬及び処分に関する基準（以下「特別管理一般廃棄物処理基準」という。）並びに市町村が特別管理一般廃棄物の収集、運搬又は処分を市町村以外の者に委託する場合の基準は、政令で定める。　　　　　　　　　　　　　　　　　　　〔法第6条の2第3項〕

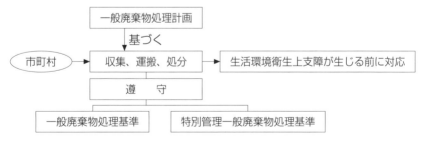

　市町村が一般廃棄物（特別管理一般廃棄物）を処理する場合には、処理基準に従うべきことを定めたものである。

一般廃棄物の事業者処理

・事業者が自ら一般廃棄物を処理する場合に一般廃棄物処理基準は適用されない。
・事業者が運搬、処分を委託する委託基準は後述

(2) 産業廃棄物の処理

　事業者は、自らその産業廃棄物（又は特別管理産業廃棄物）の運搬又は処分を行う場合には、政令で定める産業廃棄物の収集、運搬及び処分に関する基準（「産業廃棄物処理基準」又は「特別管理産業廃棄物処理基準」）に従わなければならない。　　　　　〔法第12条第1項、第12条の2第1項〕
　事業者は、その産業廃棄物（又は特別管理産業廃棄物）が運搬されるまでの間、環境省令で定める技術上の基準（「産業廃棄物保管基準」又は「特別管理産業廃棄物保管基準」）に従い、生活環境の保全上支障のないようにこれを保管しなければならない。　　〔法第12条第2項、第12条の2第2項〕

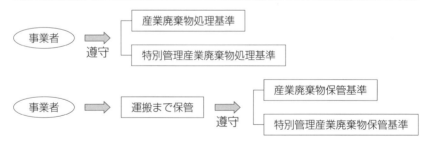

　産業廃棄物、特別管理産業廃棄物は、事業者自ら処理することが原則である。事業者自ら産業廃棄物（特別管理産業廃棄物）を処理する場合には、処理基準に従うべきことを定めたものである。

(3) 処理基準

　処理基準には、(1)収集運搬基準、(2)処分・再生基準（埋立処分以外）、(3)埋

立処分の基準、(4)海洋投入処分がある。一般廃棄物と特別管理一般廃棄物、産業廃棄物と特別管理産業廃棄物にそれぞれ区分される。

(4)　収集運搬基準　【☞P.215、P.223、P.229、P.238参照】

【飛散、流出の防止等】

　収集、運搬及び処分の各段階の共通基準として、飛散・流出の防止、悪臭、騒音、振動によって、生活環境の保全上支障が生じない必要な措置を講ずること、収集、運搬施設も生活環境に支障がないようにすることが定められている。

飛散流出	▶防止
悪臭、騒音、振動	▶生活環境保全上支障が生じない必要な措置
収集・運搬施設設置	▶生活環境保全上支障が生じない必要な措置

【産業廃棄物収集運搬車】

　産業廃棄物の収集、運搬については、走行中の運搬車が産業廃棄物を収集運搬していることを明確にし、適正な運搬を行っているかどうか確認できるようにするため、車体の両側面に産業廃棄物の収集運搬車である旨を表示することと、書面の備え付けが義務となっている（一般廃棄物収集運搬車は規定なし）。

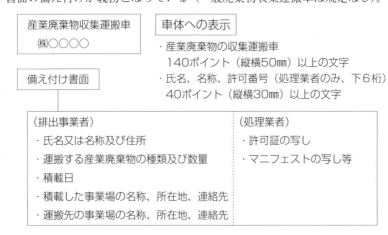

【積替え保管】

　収集運搬基準では、保管は原則として禁止されており、保管行為は積替えを行う場合に限り認められている。

　一般廃棄物の積替え保管の場合には、①積替え後の運搬先が定められていること、②適切に保管できる量であること（数量制限は求められていない）、③性状が変化しないうちに搬出することが定められている。

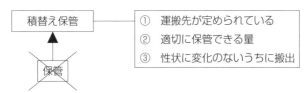

　一方、産業廃棄物の場合は、一般廃棄物の規定に加えて、保管量は1日平均排出量の7倍以内とする数量制限が定められている。

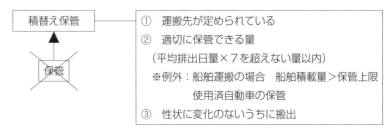

保管

　産業廃棄物を収集運搬する過程において、積換えを行う場合の保管のみ認められているが、積換え保管の運搬の用に供される車両への積替え及び保管が連続して行われない限り原則禁止とされている保管行為に該当するものである。

　保管場所については、囲い及び掲示板の設置、廃棄物の飛散・流出、地下浸透、悪臭発散の防止が定められている。特に、屋外で保管する場合は高さ規制があり、廃棄物が囲いに接しない場合は、囲いの下端から50％以下の勾配（底

辺：高さ＝2：1）とするなどが決められている。処理・再生基準、特管産廃収集運搬基準、特管産廃処理・再生基準及び事業所内で保管する場合も同様の基準が適用される。

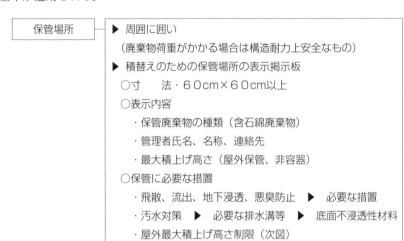

保管場所	▶ 周囲に囲い

- 周囲に囲い
  （廃棄物荷重がかかる場合は構造耐力上安全なもの）
- 積替えのための保管場所の表示掲示板
  ○寸　　法・６０cm×６０cm以上
  ○表示内容
  　・保管廃棄物の種類（含石綿廃棄物）
  　・管理者氏名、名称、連絡先
  　・最大積上げ高さ（屋外保管、非容器）
  ○保管に必要な措置
  　・飛散、流出、地下浸透、悪臭防止　▶　必要な措置
  　・汚水対策　▶　必要な排水溝等　▶　底面不浸透性材料
  　・屋外最大積上げ高さ制限（次図）

【屋外保管積上げ】

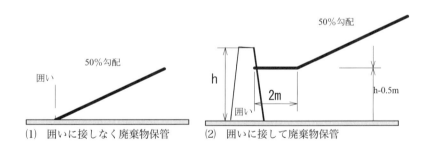

(1)　囲いに接しなく廃棄物保管　　(2)　囲いに接して廃棄物保管

【積替保管場所の表示掲示板】

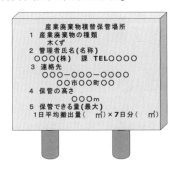

産業廃棄物積替保管場所
1　産業廃棄物の種類
　　　木くず
2　管理者氏名(名称)
　　○○○(株)　課　TEL○○○○
3　連絡先
　　　○○○−○○○−○○○○
　　　　　○○市○○町○○
4　保管の高さ
　　　　○○○m
5　保管できる量(最大)
　　1日平均搬出量(　㎥)×7日分(　㎥)

【建設業の場外保管】

　建設工事現場以外の場所（300㎡以上）で建設工事からでる産業廃棄物を保管する場合は、事前に都道府県知事に届出が必要である。ただし、非常災害などやむを得ない場合は、保管をした日から14日以内の届出となっている。

消防法の危険物に当たる産業廃棄物の保管の囲い

　囲いの規定について、消防法の危険物施設の外壁があれば、廃棄物処理法の規定に適合するものとして運用する。

【特別管理廃棄物の取扱注意事項】

　特別管理廃棄物の場合は、収集運搬において、他の物との混合が禁止されている。これは、混合することによって人の健康又は生活環境の保全上問題が起きることを防ぐためである。特に、感染性廃棄物、PCB廃棄物等は必ず容器に収納して収集・運搬しなければならない。ただし、その後の処分の形態から、①ダイオキシン類特別措置法（Dx法）に規定するばいじん、燃え殻及び汚泥（特別管理一般廃棄物とそれ以外）を溶融、焼成処理する場合、②感染性一般廃棄物と感染性産業廃棄物を処理する場合及び③特別管理一般廃棄物と特別管理産業廃棄物の廃水銀等を処理する場合は、例外として混載を認められている。また、積替え保管においても、他の廃棄物と混合せず、仕切り板等の措置をとることとなっている（例外：感染性廃棄物）。

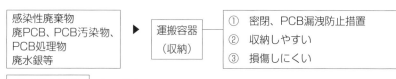

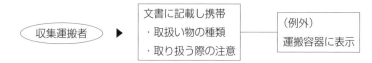

また、特別管理産業廃棄物を収集・運搬する者は、その廃棄物の種類及び取扱いの注意事項を記載した文書を携帯することとなっている。

【特別管理産業廃棄物の収集運搬に必要な配慮】

> **廃油**：密封等（揮発防止）、高温防止
> **PCB汚染物、PCB処理物**：密封（揮発防止）、腐食防止、高温防止、腐食防止
> **廃水銀等**：密閉容器、飛散・流出・揮発防止、腐食防止
> **腐敗可能性物**：腐敗防止（密封等）

⑸　処分・再生基準　【☞P.216、P.225、P.230、P.240参照】

　処分・再生基準で重要なものは、廃棄物の焼却の基準である。

　廃棄物の焼却は、一般廃棄物、産業廃棄物、特別管理一般廃棄物及び特別管理産業廃棄物全てにおいて、「焼却設備を用いる」と定められている。

　野焼きの禁止である法第16条の2の「焼却の禁止」と関連している。【☞P.150参照】

　構造等の詳細については、処理施設の設置に係る構造基準を参照【☞P.247参照】

| 廃棄物の焼却 | | 構造基準
①　空気取入口、煙突先端のみ外気と接触
　　燃焼ガス温度800℃以上
②　必要な量の空気の通風
③　外気と遮断して定量供給
④　燃焼ガス温度測定装置
⑤　助燃装置 |

焼却の方法
①　煙突の先端以外から、燃焼ガスの排出なし
②　煙突の先端から、火炎、黒煙の排出なし
③　煙突から焼却灰、未燃物の飛散なし

たき火程度の野焼き

　たき火程度の規模の焼却（野焼き）であっても、焼却する産業廃棄物により悪臭、ばい煙による生活環境の被害が生じていれば、処理基準に違反している。

　産業廃棄物及び特別管理産業廃棄物の処分・再生のための保管について、保管基準は1日の処理能力の14倍以内と定められている（一般廃棄物はなし）。

産業廃棄物 特管産業廃棄物 処分再生の保管	▶適正な処分、再生を行うために、やむを得ない期間以上の保管禁止 ▶1日処理能力×14を超えない 【例外】 ・船舶　　：船舶積載量＋基本数量（保管上限）×$\frac{1}{2}$ ・定期点検等：1日処理能力×点検日数＋基本数量×$\frac{1}{2}$ 　　　　　　　　　点検終了後60日猶予 ・がれき類等の再生 　（木くず、コンクリート破片・石綿含有除く）：1日処理能力×28（※1） 　（アスファルト、コンクリート片）：1日処理能力×70 　　　　　　　　　　　　　　　　　　　　（※2） 　（ただし、新型インフルエンザでやむを得ない場合は、※1＝28→49、※2＝70→91） ・汚泥、安定型産廃、鉱さい、ばいじんの処分再生で、新型インフルエンザでやむを得ない（優良産廃処分業者）：1日処理能力×35 ・豪雪期の廃タイヤ：1日処理能力×60 ・廃プラスチック類再生保管（優良産廃処分業者）：1日処理能力×28 ・使用済自動車等：保管できる高さ制限内の数量

　また、中国の廃プラスチック類の輸入禁止及び新型コロナウイルス感染症の影響に伴って、中間処理場で物流が停滞し、保管期間が対応できない事態が生じたので、優良産業廃棄物処分業者の保管期間が延長となった。

(6) 埋立処分基準 【☞P.219、P.233参照】

【一般廃棄物、産業廃棄物に共通】

・地中空間利用処分の禁止

・周囲に囲い、廃棄物処分場の表示

・浸出液による汚染防止措置

必要設備	
	① 保有水・雨水等を防止する遮水工（不透水性の地層除く。）
	② 保有水等集排水設備（必要措置講じられた場合を除く。）
	③ 浸出液処理設備（十分な容量の耐水構造の貯留槽が設けられ、他の場所の同等以上の性能を有する処理設備で処理される場合を除く。）
	④ 地表水開口部から流入防止させる開渠

放流水・周縁地下水の水質	
	① 放流水基準適合（最終処分基準省令別表1、ダイオキシン類10pg-TEQ/ℓ）
	② 周辺地下水水質の悪化に必要措置（最終処分基準省令別表2、ダイオキシン類1pg-TEQ/ℓ）

地中にある空間

　地中にある空間を利用する埋立処分とは、具体的に廃坑、砕石後の地下空間等地中に存在する空間での埋立処分を想定しており、安定型産業廃棄物のみ認められている。

【一般廃棄物埋立処分基準】

·埋立方法　一層は3m以下、一層ごとに覆土50㎝ 　　　　　　対象外：熱しゃく減量15%以下に焼却したもの、 　　　　　　　　　　　小規模埋立（1万㎡又は5万㎡）	
浄化槽汚泥、し尿の 埋立処分	し尿処理施設で処理し、含水率85%以下の汚泥 し尿処理施設で処理し、生じた汚泥を焼却又は熱分解
石綿含有一般廃棄物 （非飛散性、0.1% 以上含有）	一定の場所に分散しないよう埋立処分、飛散、流出しないよう表面を土砂で覆う。 溶融・無害化処理物は、基準適合のこと（石綿検出なし）。
特別管理一般廃棄物	特別管理の性状を中間処理によりなくしてから処分
ばいじん・燃え殻又 はその処理物	大気中に飛散しないよう➡あらかじめ水分添加、固型化、こん包等必要な措置 運搬車付着飛散防止➡当該運搬車洗浄等必要な措置 埋立地の外に飛散・流出しないよう➡表面を土砂で覆う等必要な措置

【産業廃棄物埋立処分基準】

産業廃棄物の種類によっては、直接埋立処分できないもの（前処理が必要）もあり、個別に埋立基準が定められている。【☞P.235参照】	
汚泥	焼却・熱分解して処分するか、汚泥のままでは含水率85%以下とする。
有機性下水汚泥	水面埋立の場合、あらかじめ焼却・熱分解する（消化汚泥は処分可能）。
廃油	あらかじめ焼却・熱分解する。タールピッチは除く。
廃プラスチック類 （石綿含有なし）	①　中空でないこと、最大径おおむね15㎝以下に破砕 ②　溶融又は焼却・熱分解
ゴムくず	①　最大径おおむね15㎝以下に破砕 ②　焼却又は熱分解
ばいじん・燃え殻又 はその処理物	①　大気中に飛散しないよう➡あらかじめ水分添加、固型化、こん包等必要な措置 ②　運搬車付着飛散防止➡当該運搬車の洗浄等必要な措置

	③　埋立地の外に飛散・流出しないよう➡表面土砂覆い等必要な措置
腐敗物	(①有機性汚泥、②動植物性残さ、③動物系固形不要物、④家畜ふん尿、⑤動物の死体、①〜⑤の処理物) ○一層3m以下 ○40%以上が腐敗物の場合は一層50cm以下 ○一層ごとに表面を土砂で50cm以上覆う。 対象外は、熱しゃく減量15%以下に焼却したもの、コンクリート固型化したもの又は小規模埋立
廃酸、廃アルカリ	埋立禁止
石綿含有産業廃棄物 (非飛散性、0.1%以上含有)	一定の場所に分散しないよう埋立処分。飛散・流失しないよう表面を土砂で覆う。 溶融・無害化処理物は、基準適合のこと（石綿検出なし）。
特別管理産業廃棄物	基準に適合させて、埋立 特別管理産業廃棄物の性状をなくして、埋立 特別管理廃油➡あらかじめ焼却・熱分解 特別管理廃酸・特別管理廃アルカリ・感染性産業廃棄物➡埋立禁止 廃水銀等➡あらかじめ硫化＋固型化 廃石綿➡①耐水材料で二重梱包、②固型化、処分場内で一定の場所で分散しない。

【安定型産業廃棄物埋立処分基準】

　安定型産業廃棄物の種類は、①廃プラスチック類、②ゴムくず、③金属くず、④ガラスくず、コンクリートくず、陶磁器くず、⑤がれき類、⑥石綿溶融物、無害化処理物となっている。この中でも、廃プラスチック類に有害物質（自動車のシュレッダーダストなど）や有機物が付着したものは除外されている。

　安定型産業廃棄物とは、雨水に当たっても、有害物質や有機物が溶け出すおそれの低いものである。

安定型産業廃棄物	①　廃プラスチック類
	②　ゴムくず
	③　金属くず
	④　ガラスくず、コンクリートくず、陶磁器くず
	⑤　工作物の新築・除去等のコンクリートの破片等（がれき類）
	⑥　石綿溶融物、無害化処理物(H18.7.27環告105)

　安定型最終処分場に安定型産業廃棄物以外のものが混入するおそれがないよう必要な措置を講ずる。

安定型産業廃棄物処分場		
	安定型産業廃棄物以外を混入、付着させない	
	工作物の除去等の産業廃棄物 (H10.6.16環告34)	十分な選別と分別により、熱しゃく減量5％以下とした後に埋立

安定型最終処分場の汚染

　安定型処分場は、環境への影響が低いとされている処分場であるが、「高濃度の硫化水素が噴出し、浸出水から基準を上回る鉛、カドミウム、ダイオキシン類が検出された」などの環境汚染問題が起こったこともあり、付着物の混入に対しては全量展開検査で対応しているところもある。

⑺　海洋投入処分基準　【☞P.237参照】

　海洋には原則として廃棄物を投入しないという基本的な方針から、投入可能な種類であっても特に陸上処分が困難であるとき以外は、海洋投入を差し控えるべきことを定めている。

　ただし、一般廃棄物の海洋投入処分は全面的に禁止となっているので、対象は産業廃棄物のみである。【☞P.222参照】

海洋投入可能な産業廃棄物
農産物原料の食品等の製造工程有機汚泥
赤泥
建設汚泥
農産物原料の食品等の製造工程廃酸、廃アルカリ
動植物性残さ　▶　摩砕かつ油分除去
家畜ふん尿　▶　浮遊性のきょう雑物除去

⇒ 判定基準適合物

埋立処分に支障がないものは海洋投入処分しない。

条例による上乗せ

　廃棄物処理法には条例への委任規定がないので、地方公共団体による条例の上乗せはできない。

特別管理性状をなくす方法

　特別管理廃棄物は、その特別管理廃棄物としての性状をなくせば、通常の廃棄物として取扱いができる。特別管理廃棄物の性状をなくす方法は、以下のとおりである。

(1)　特別管理一般廃棄物

①　特別管理ばいじん	・溶融設備で溶融固化、処理後の汚泥、ばいじんはセメント固化、薬剤処理、酸抽出で処理 ・焼成設備で焼成処理後の汚泥、ばいじんはセメント固化、薬剤処理、酸抽出で処理 ・セメント固化設備で十分なセメント量で均質に練り混ぜ、適切に造粒し、成形した物を養生して固化 ・薬剤処理設備で十分な量の薬剤と均質に練り混ぜ、化学的に安定 ・酸その他の溶媒に溶出させ、脱水処理するとともに、当該溶出液中の重金属を沈殿させ、沈殿物と脱水汚泥について、重金属を溶出しない状態にし、又は製錬工程において重金属を回収 溶融固化、焼成、セメント固化、酸抽出・重金属回収
②　感染性一般廃棄物	・焼却設備を用いて焼却 ・溶融設備で溶融 ・高圧蒸気滅菌、乾熱滅菌装置で滅菌 ・肝炎ウイルスに有効な薬剤又は加熱で消毒 ・感染症予防法等の規制感染性病原体の場合、有効な方法 焼却、溶融、滅菌、消毒など

(2) 特別管理産業廃棄物

① 廃油	・焼却設備で焼却 ・蒸留設備等で再生
② 廃酸・廃アルカリ	・中和設備で中和 ・焼却設備で焼却 ・イオン交換設備等で再生
③ 感染性産業廃棄物	・焼却設備を用いて焼却 ・溶融設備で溶融 ・高圧蒸気滅菌、乾熱滅菌装置で滅菌 ・肝炎ウイルスに有効な薬剤又は加熱で消毒 ・感染症予防法等の規制感染性病原体の場合、有効な方法 焼却、溶融、滅菌、消毒など
④ 廃PCB	・焼却 ・分解（脱塩素化、水熱酸化反応、熱化学反応、光化学反応、プラズマ反応）
⑤ PCB汚染物（汚泥、紙、木、繊維くず）	・焼却 ・分解（水熱酸化反応、熱化学反応、機械化学反応、溶融反応） ・除去（溶剤洗浄、分離設備）
⑥ PCB汚染物（廃プラスチック類、金属くず、陶磁器くず、がれき類）	・焼却 ・分解（水熱酸化反応、熱化学反応、機械化学反応、溶融反応） ・除去（洗浄、分離設備）
⑦ PCB処理物（廃油、廃酸、廃アルカリ）	・焼却 ・分解（脱塩素化、水熱酸化反応、熱化学反応、光化学反応、プラズマ反応）
⑧ PCB処理物（汚泥、紙、木、繊維くず、廃プラスチック類、金属くず、陶磁	・焼却 ・分解（水熱酸化反応、熱化学反応、機械化学反応、溶融反応） ・除去（溶剤洗浄、分離設備）

器くず、がれき類）	
⑨　PCB処理物（その他）	・焼却 ・分解（水熱酸化反応、熱化学反応、機械化学反応、溶融反応） 　PCB汚染物　　焼却　　分解 　廃PCB等　　　焼却　　分解 　PCB汚染物　　焼却　　分解　　除去 　PCB処理物　　焼却　　分解　　（除去）
⑩　廃石綿等	・溶融（石綿検出なし） ・無害化処理認定
⑪　水銀含有ばいじん、鉱さい、ばいじん、汚泥（15mg/kg以上）、廃酸、廃アルカリ（15mg/ℓ以上）で水銀不適合	・大気中に飛散しない必要措置 ・相当割合以上のものは、ばい焼その他の回収施設であらかじめ水銀回収 　①　水銀使用製品（気圧計など24製品） 　②　ばいじん、燃え殻、汚泥、鉱さい　1000mg/kg以上 　③　廃酸、廃アルカリ　1000mg/ℓ以上

☑ チェック Q&A ③

> **質問4**　排出事業者が、事業場内の地盤の低い土地に産業廃棄物を投入して
> いる。
>
> 　排出事業者は地盤かさ上げと称して埋立処分ではないと主張するが、埋
> 立処分と解して産業廃棄物処理基準を適用してよいか。

◀◀◀ 回答 ▶▶▶

　適用してよい。

◀◀◀ 解説 ▶▶▶

1　占有者が自ら利用し、又は他人に有償で売却できる物（有価物）は廃棄物
に該当しない。ただし、「自ら利用」する場合とは、他人に有償売却できる
性状の物を占有者が使用することをいい、排出者が自己の生産工程へ投入し
て原材料として使用する場合を除き、他人に有償売却できない物を排出者が
使用することは、「自ら利用」する場合には該当しない。

2　したがって、他人に有償売却できない産業廃棄物により、地盤のかさ上げ
や土地造成を行う場合は、産業廃棄物の埋立処分に該当し、処理基準が適用
される。

　なお、廃棄物の埋立に当たっては、施設の設置許可が必要となる。

（参考文献：英保次郎著『九訂版　廃棄物処理法Q&A』東京法令出版）

第 **4** 章

廃棄物の委託

廃棄物の委託

(1) 一般廃棄物委託基準

市町村が他人（市町村以外の者）に一般廃棄物の収集、運搬、処分を委託する場合は、一般廃棄物委託基準、特別管理一般廃棄物委託基準を遵守しなければならない。

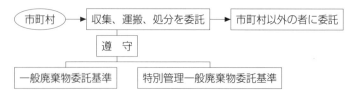

一般廃棄物の委託基準の受託者の条件は、受託者が施設、人員、財政的基礎、経験を有し、受託業務を自ら実施すること、欠格要件に該当しないことである。

市町村は、根幹部分の基本計画を委託してはならない。一般廃棄物の収集と手数料の徴収を併せて委託するときは、収集業務に直接従事する者が手数料を徴収しない。また、処分・再生の場所が他の市町村で1年以上にわたり継続して委託するときは、現地を確認することが必要である（大阪湾広域臨海環境整備センターの処分場は除く）。

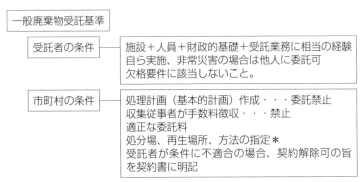

一般廃棄物受託基準

受託者の条件 ─ 施設＋人員＋財政的基礎＋受託業務に相当の経験
自ら実施、非常災害の場合は他人に委託可
欠格要件に該当しないこと。

市町村の条件 ─ 処理計画（基本的計画）作成・・・委託禁止
収集従事者が手数料徴収・・・禁止
適正な委託料
処分場、再生場所、方法の指定＊
受託者が条件に不適合の場合、契約解除可の旨
を契約書に明記

＊他市町村区域で処分・再生 ⟹ 該当市町村に事前通知

　工場・事業場から発生する事業者からの一般廃棄物は、産業廃棄物とは別の処理体制で、市町村の処理計画に基づいて処理される。産業廃棄物を委託処理するときにあわせて一般廃棄物を処理すると、一般廃棄物委託基準違反となる場合があるので、注意を要する。

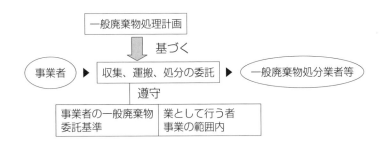

一般廃棄物処理計画

基づく

事業者 ▶ 収集、運搬、処分の委託 ▶ 一般廃棄物処分業者等

遵守

事業者の一般廃棄物 委託基準	業として行う者 事業の範囲内

再生事業組合への委託

　再生事業組合の定款において、一般廃棄物の再生事業を行うこととされており、委託の基準に適合する者であれば委託は可能である。

特別管理一般廃棄物の委託基準は、受託者の条件において、一般廃棄物委託

基準に加えて、直接従事する者が十分な知識を有すること、及び特別管理一般
廃棄物が事故等により飛散、流出、地下浸透した場合に備えて、対応措置がで
きる者となっている。

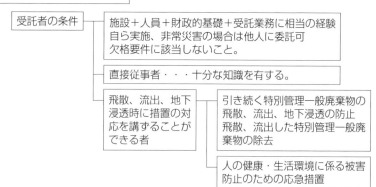

十分な知識を有する直接従事者

　十分な知識を有する直接従事者として、取り扱う特別管理一般
廃棄物の性状、処理方法、取扱いの留意事項等に関する知識を有
すると認められる者が該当する。

⑵　一般廃棄物に係る欠格要件

　一般廃棄物の処理受託者、処理業者及び処理施設設置者については、欠格要
件に該当しないことが条件となっている。

　欠格要件は、適法・適正な業の遂行を期待し得ない者を類型化して規定し、
該当する者を排除するものである。

（一般廃棄物の処理受託者、一般廃棄物処理業者、一般廃棄物処理施設設置者に係る
欠格要件）

イ　心身の故障で業務を適切に行えない者

ロ　破産手続開始の決定を受けて復権を得ない者

ハ　禁錮以上の刑で5年を経過しない者

ニ　次の法律違反で罰金以上の刑で5年を経過しない者

　　・廃棄物処理法、浄化槽法、生活環境保全法令違反

　　・暴力団員による不当な行為の防止等に関する法律違反

　　・刑法（傷害、現場助勢、暴行、凶器準備集合及び結集、脅迫、背任）、暴力行為
　　　等処罰に関する法律違反

ホ　廃棄物処理法又は浄化槽法の規定により許可を取り消され（廃棄物処理法は業許
　　可取消理由P.106必ず取消し①②、重大な違反のみ）、取消しの日から5年を経過
　　しない者

ヘ　廃棄物処理法、浄化槽法に基づく規定に基づく許可取消処分に係る聴聞通知後、
　　処分決定までの間に、廃止届を提出し5年を経過しない者

ト　への許可取消処分に係る聴聞通知の日から処分決定までの間に廃止届があった場
　　合、聴聞通知の前60日以内に廃止届した者で届出日から5年を経過しない者

チ　不正、不誠実な行為があると認めるに足りる理由がある者

リ　営業に関し成年者と同一の能力を有しない未成年で、その法定代理人がイ～チに
　　該当

ヌ　法人でその役員、政令で定める使用人（本・支店の代表者、契約締結権限を有す
　　る者）がイ～チに該当

ル　個人で政令で定める使用人がイ～チに該当

(3)　産業廃棄物（特別管理産業廃棄物）の委託

　　事業者は、その産業廃棄物（又は特別管理産業廃棄物）の運搬又は処分を
他人に委託する場合には、その運搬については産業廃棄物（又は特別管理産
業廃棄物）収集運搬業者等に、その処分については産業廃棄物（又は特別管
理産業廃棄物）処分業者等にそれぞれ委託しなければならない。

〔法第12条第5項、第12条の2第5項〕

　　事業者は、前項の規定によりその産業廃棄物（又は特別管理産業廃棄物）
の運搬又は処分を委託する場合には、政令で定める基準に従わなければなら
ない。

〔法第12条第6項、第12条の2第6項〕

> 事業者は、前2項の規定によりその産業廃棄物（又は特別管理産業廃棄物）の運搬又は処分を委託する場合には、処理の状況に関する確認を行い、当該産業廃棄物（又は特別管理産業廃棄物）について発生から最終処分が終了するまでの一連の処理の行程における処理が適正に行われるために必要な措置を講ずるように努めなければならない。
>
> 〔法第12条第7項、第12条の2第7項〕

　事業者は、その産業廃棄物（又は特別管理産業廃棄物）の運搬又は処分を他人に委託することができる。産業廃棄物の処理は排出事業者原則（事業者自ら処理）に従って行われるが、これは必ずしも事業者が自分自身で全ての廃棄物を処理しなければならないということではなく、適正に処理する能力を持つ他の者に委託することも含め、その発生した廃棄物について処理責任があることを示している。

(4) 産業廃棄物の委託基準

　排出事業者は、収集運搬については収集運搬業者と、処分については処分業者と、それぞれ個別に契約しなければならない。ただし、収集運搬と処分が同一の場合は、この限りではない。

　また、収集運搬から処分までの産業廃棄物の一連の処理の流れが排出処理責任の原則の下で行われるような仕組みとなっており、適正処理に必要な措置が求められている。

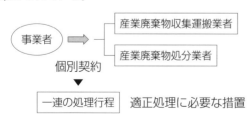

　事業者は、委託しようとする処理業者の許可証等により、事業の範囲に委託内容が含まれているかどうかを確認するほか、積替え保管を行うかどうか、施設の能力があるかどうかなど確認した上で、適切な者に委託しなければならない。

　事業の範囲とは、産業廃棄物の種類と事業の区分（積替え保管の有無、処分方法など）である。

```
┌─────────────────────┐
│ 委託業者の事業範囲確認 │
└─────────────────────┘
```

（運搬受託者）　▶運搬を業としてできる者　＋　事業の範囲内

（処分受託者
　再生受託者）　▶処分又は再生を業としてできる者　＋　事業の範囲内

⑸　特別管理産業廃棄物の委託基準

　特別管理産業廃棄物の委託は、産業廃棄物の委託基準に加えて、取扱い・処理に際しての事故を防止するため、事前に文書で特別管理産業廃棄物の性状、取扱いの注意事項などを文書で通知することが求められている。

取扱いの注意事項

　取扱いの注意事項とは、具体的には、火気厳禁などが考えられる。

(6)　産業廃棄物委託契約の内容

　委託内容を明確にするため、委託契約は書面でする必要がある。廃棄物処理法に規定する委託契約に必要な内容は次のとおりで、書面は5年間保存する。

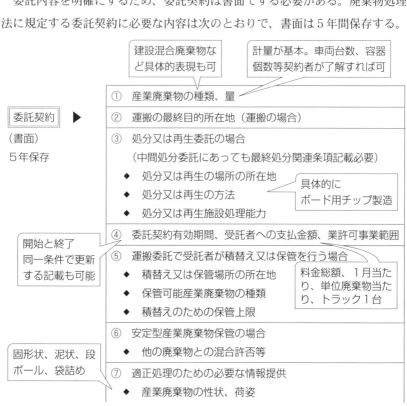

廃パーソナルコンピュータ、廃ユニット型エアコンディショナー、廃テレビジョン受信機、廃電子レンジ、廃衣類乾燥機、廃電気冷蔵庫、廃電気洗濯機のうちで有害物質含有するものは含有マーク	◆　腐敗、揮発等の性状変化 ◆　他の廃棄物との混合等の支障等 ◆　廃パソコン等日本産業規格C0950に規定する有害物質含有マークの表示 ◆　石綿含有産業廃棄物、水銀使用製品産業廃棄物、水銀含有ばいじん等が含まれる場合はその旨 ◆　その他取扱い注意事項
	⑧　⑦の提供情報の変更があった場合の当該情報の伝達方法
	⑨　業務終了時の報告
	⑩　契約解除時の未処理産業廃棄物の扱い

（添付）
事業の範囲に含まれることを証する書面（業許可証等）

(7)　産業廃棄物処理業者等による処理困難通知

産業廃棄物処理業者、特別管理産業廃棄物処理業者は、何らかの事情によりその適正な処理が困難となった場合、遅滞なく、その旨を産業廃棄物、特別管理産業廃棄物の委託者に通知しなければならない。通知を受けた場合、排出事業者は適切な措置を講じなければならない。

書面通知（10日以内）

委託処理継続困難 ── 処理困難事由
①　破損その他の事故▶保管上限に到達
②　事業の廃止▶事業の範囲に含まれない
③　施設の休廃止▶委託産廃の処分ができない
④　埋立終了（最終処分場）▶埋立処分不可
⑤　欠格要件該当
⑥　行政処分による命令
⑦　産業廃棄物処理施設許可取消
⑧　産廃処理施設に改善命令、措置命令

手元△の取引

【Q】　排出事業者Aが産業廃棄物処理業者Bに対し、産業廃棄物をBの指定する場所まで運送する費用として、1,750円/t支払う一方、300円/tの売却代金を得て当該廃棄物を排出場所でBに引き渡している。この場合、AはBに産業廃棄物の処理を委託していると解してよいか。

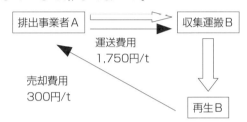

　また、運搬業者Cに委託して、運送費をCに支払う場合はどうか。

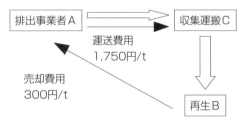

【A】　排出事業者は全体から見て、手元△（さんかく）つまり、金銭を支払っている状態であり、ともに産業廃棄物の運搬を委託していることになる。

　　　しかし、再生業者Bが全く金銭の受け取りがない場合は、運搬された廃棄物はBに着いた時点で有価物となる。

取引価値の有無

　バイオマス発電燃料に係る廃棄物該当性総合判断のうち、取引価値について、占有者と取引の相手方の間で有償譲渡がなされており、なおかつ客観的に見て当該取引に経済的合理性があること。

　実際の判断に当たっては、名目を問わず処理料金に相当する金品の受領がないこと、譲渡価格が競合する燃料や運送費等の諸経費を勘案しても双方にとって営利活動として合理的な額であること、有償譲渡の相手方以外の者に対する有償譲渡の実績があること等の確認が必要であること。なお、運搬費が有償譲渡の価格を上回ることのみをもって直ちに取引価値が無いと判断されるものではないこと。

☑ チェック Q&A ④

質問5　排出事業者Aと収集運搬業者B、処分業者C等の間で次のような形で産業廃棄物の処理委託が行われた場合、法第12条第5項の委託基準違反となるか。

- (1)　AはBと運搬委託契約を、またCと処分委託契約を締結し、産業廃棄物がBにより他の処分業者Dへ運搬され、Dにより処分された場合
- (2)　AはBと運搬委託契約を、またCと処分委託契約を締結し、産業廃棄物がBにより無許可処分業者Eへ運搬され、Eにより処分された場合
- (3)　AはBと運搬委託契約及び処分委託契約を締結し、産業廃棄物がBによりCへ運搬されCにより処分された場合
- (4)　AはBと運搬委託契約及び処分委託契約を締結し、産業廃棄物がBにより無許可処分業者Eへ運搬され、Eにより処分された場合

◀◀◀ 回答 ▶▶▶

　(1)及び(2)の場合にあっては、BがCまで運搬しなかったことが運搬委託契約の内容に起因している場合は、Aは法第12条第5項の委託基準違反となる。

　(3)及び(4)の場合、Aは法第12条第5項の委託基準違反となる。

　また、(2)、(4)の場合、Eについては法第14条第6項違反（無許可営業）と、(1)～(4)の場合は、Bは法第14条第16項（再委託）違反となる。

◀◀◀ 解説 ▶▶▶

1　(1)について、Bは運搬委託契約に基づき、Cに運搬しなければならない義務を負っている。再委託する場合は、Aから書面による了解を受ける必要がある。

　なお、CがCと同じ許可を有する他の処分業者Dに委託した場合で、Aの書面による了解があれば、法第14条第16項の再委託の禁止に違反することにならない。

2　(2)について、Bは(1)と同様の義務を負っているが、Bは無許可業者への再

委託である。

3　(3)について、Aは収集運搬業者Bに処分までを委託したのであるから委託
　基準違反となるが、Aの文書による了解があれば問題はない。

4　(4)について、2と同様である。

(参考文献：英保次郎著『九訂版　廃棄物処理法Q&A』東京法令出版)

第 5 章

廃棄物処理業

16 廃棄物処理業

(1)　一般廃棄物処理業

　一般廃棄物の収集・運搬又は処理を業として行う場合は、市町村長の許可を受けなければならない（2年更新）。

　許可に際しては、

　　①　当該市町村による一般廃棄物の収集・運搬又は処理が困難なこと。

　　②　申請の内容が一般廃棄物処理計画に適合していること。

　許可基準は、

　　○　事業の用に供する施設及び申請者の能力が事業を的確に、継続して行うに足りる施設、能力及び技能を有すること。

　　〈施設の基準〉　飛散、流出しない、悪臭が漏れるおそれのない施設

　　〈申請者の能力に関する基準〉

　　　　・的確に行うに足りる知識及び技能

　　　　・的確に、継続して行うに足りる経理的基礎

となっており、許可に際しては、収集区域の指定と生活環境保全上必要な条件を付けることができる。

```
┌─────────────────────────────────────────────────────────┐
│ 一般廃棄物処理業の許可                                          │
│                                                           │
│  許可の前提   ・市町村による一般廃棄物の収集・運搬（処分）困難      │
│             ・一般廃棄物処理計画の整合                        │
│  許可の基準   ・施設基準（収集運搬）運搬車、船、容器、積替施設      │
│                 〃  （中間処理）し尿処理施設、焼却施設など       │
│                 〃  （最終処分）一般廃棄物最終処分場           │
│                             ブルドーザ等                   │
│  能力基準    ・事業を的確に遂行する能力  ①知識・技能            │
│                                    ②経理的基礎            │
│  欠格要件    ・該当しないこと。                              │
└─────────────────────────────────────────────────────────┘
```

一般廃棄物処理業の許可

(1) 許可不要　・動物霊園事業として愛玩動物の死体の処理
(2) 許可必要　・家庭の台所からの汚水を貯留する槽に溜った
　　　　　　　　汚泥を業者が処理
　　　　　　　・医療機関が排出する人の手足、内臓を処理料
　　　　　　　　金を取って処理

一般廃棄物の委託

　A市の委託を受けた業者がB市の区域内においてA市で発生した一般廃棄物を処理する場合に、一般廃棄物処理業の許可はA市、B市ともに不要である。

有価物

　養豚業者が飲食店等から残飯を豚肉と交換で受け取り、これを全て飼料としている場合、対価的性格を有していると認められる場合は有価物であり、許可不要

一般廃棄物処理業の特殊性

　一般廃棄物処理業は、当該市町村では収集・運搬又は処理が困難と認める場合のみ許可が可能であり、自由競争の業種とは異なる。このことは、市町村長が市町村区域内の一般廃棄物の適正処理を行うため、一般廃棄物の統括的管理責任があるからである。

(2)　産業廃棄物処理業

　他人の産業廃棄物を業として処理する場合は、産業廃棄物処理業の許可が必要である（5年更新）。

　産業廃棄物処理業は、産業廃棄物と特別管理産業廃棄物とは別形態となっていて、①産業廃棄物収集運搬業、②産業廃棄物処分業、③特別管理産業廃棄物収集運搬業、④特別管理産業廃棄物処分業の4種類に分類される。

産業廃棄物処理業	
①　産業廃棄物収集運搬業	②　産業廃棄物処分業
③　特別管理産業廃棄物収集運搬業	④　特別管理産業廃棄物処分業

　産業廃棄物処理の業を行おうとする者は、その業を行おうとする区域の管轄する都道府県知事の許可を受けなければならない。許可が必要なのは産業廃棄物であって、有価物は対象とならない。管轄する都道府県知事の許可とは、収集運搬又は処分の業を行う業務が行われている区域の知事又は政令市長の許可

が必要であるということである。ただし、①事業者自ら実施、②専ら再生物の
みを扱う、③省令で定める者の場合は許可が不要である。

【同一都道府県内の産業廃棄物収集運搬業の許可】

　同じ都道府県内で、1つの政令市の区域を越えて、複数の区域で産業廃棄物
の収集及び運搬を行おうとする者に係る許可については、基本的には都道府県
知事が行う。ただし、積替えを伴う収集又は運搬に係る許可については、引き
続き政令市の長が行う。

政令市B市とA県で収集運搬する場合は、A
県の許可のみでよい。政令市Cでも収集・運
搬可能となる。

都道府県知事の許可

　産業廃棄物収集運搬業者等が都道府県知事の許可を有していた
場合において、当該業者が当該都道府県内の政令市の長等の許可
を有していないときは、都道府県知事の許可は当該都道府県の全
地域に及ぶが、積替保管の許可を有していた場合は、当該都道府
県知事の許可は当該政令市の長等の管轄区域を除いた範囲のみ効
力が及ぶ。

【処理業許可の技術基準（普通の産業廃棄物）】

申請者　▶　管轄する都道府県知事の許可

産業廃棄物処理業の許可

施設基準

（収集運搬）運搬車、船、容器等、積替施設
（中間処理）汚泥：脱水施設、乾燥施設、焼却施設等
　　　　　　廃油：油水分離施設、焼却施設等
　　　　　　廃酸・廃アルカリ：中和施設
　　　　　　廃プラスチック類：破砕施設、切断施設、溶融施設、焼却施設等
　　　　　　ゴムくず：破砕施設、切断施設、焼却施設等
　　　　　　その他の産業廃棄物：種類に応じ適する施設
　　　　　　保管施設
（埋立処分）産業廃棄物最終処分場（種類に応じた処分場）
　　　　　　ブルドーザ等
（海洋投入処分）自動航行記録装置運搬船

能力基準

・事業を的確に遂行する能力　①知識・技能
　　　　　　　　　　　　　　②経理的基礎
・欠格要件に該当しないこと。

許可基準は、

　　事業の用に供する施設及び申請者の能力が事業を的確に、継続して行う
　に足りる施設、能力及び技能を有すること。
　〈施設の基準〉　飛散、流出しない、悪臭が漏れるおそれのない施設
　〈申請者の能力に関する基準〉
　　　・的確に行うに足りる知識及び技能
　　　・的確に、継続して行うに足りる経理的基礎
となっており、許可に際しては、収集区域の指定と生活環境保全上必要な条件
を付けることができる。

許可条件

　生活環境保全上必要な条件とは、例えば、収集運搬業については、その運搬経路又は搬入時間帯を指定すること、中間処理業については、中間処理に伴い生ずる排ガス、排水等の処理方法を具体的に指定することなどである。

　特別管理産業廃棄物処理業の施設基準については、感染性産業廃棄物の運搬には保冷庫が必要など、上記に加え、特別な施設基準も定められている。

【産業廃棄物に係る欠格要件】

　産業廃棄物に係る欠格要件は、一般廃棄物の要件よりも暴力団の介入を排除するため、厳しい規定となっている。この欠格要件を的確に運用するため、都道府県知事が許可又は取消しを行う際には、暴力団員等については、警視総監又は道府県警察本部長に必ず意見聴取をすることとなっている。

（産業廃棄物処理業者、産業廃棄物処理施設設置者に係る欠格要件）
イ　① 心身の故障で業務を適切に行えない者
　　② 破産手続開始の決定を受けて復権を得ない者
　　③ 禁錮以上の刑で5年を経過しない者
　　④ 次の法律違反で罰金以上の刑で5年を経過しない者
　　　・廃棄物処理法、浄化槽法、生活環境保全法令違反
　　　・暴力団員による不当な行為の防止等に関する法律違反
　　　・刑法（傷害、現場助勢、暴行、凶器準備集合及び結集、脅迫、背任）、暴力行為等処罰に関する法律違反
　　⑤ 廃棄物処理法又は浄化槽法の規定により許可を取り消され（廃棄物処理法は業許可取消理由P.106必ず取消し①②、重大な違反のみ）、取消しの日から5年を経過しない者（一次連鎖許可取消の法人の役員等は除く）
　　⑥ 廃棄物処理法、浄化槽法に基づく規定に基づく許可取消処分に係る聴聞通知後、処分決定までの間に、廃止届を提出し5年を経過しない者

⑦　⑥の許可取消処分に係る聴聞通知の日から処分決定までの間に廃止届があった場合、聴聞通知の前60日以内に廃止届した者で届出日から5年を経過しない者

⑧　不正、不誠実な行為があると認めるに足りる理由がある者

ロ　暴力団員等（暴力団員でなくなった日から5年を経過しない場合を含む）

ハ　営業に関し成年者と同一の能力を有しない未成年で、その法定代理人がイ又はロに該当

ニ　法人でその役員、政令使用人（本・支店の代表者、契約締結権限を有する者）がイ又はロに該当

ホ　個人で政令使用人がイ又はロに該当

ヘ　暴力団員等が事業活動支配者

【欠格要件の連鎖】

　平成22年度までは、役員a及び役員bが務める法人Aがあり、役員bが法人Bの役員を兼務している場合において、役員aが欠格要件に該当した場合、法人Aは欠格要件に該当して許可が取り消されることとなり、さらに法人Aの役員b及び役員bが役員を兼務する法人Bも欠格要件に該当して許可が取り消され、同様の事由で当該法人Bの役員が役員を兼務する他の法人についても許可の取消しが連鎖することとなっていた。

　平成23年4月以降、許可取消しを受けた法人Aの役員を兼務する役員bがその役員を務めていることにより法人Bの許可が取り消される場合は、廃棄物処理法上の悪質性が重大な許可取消原因に限定された（一次連鎖まで）。

処理業許可の欠格要件に係る連鎖

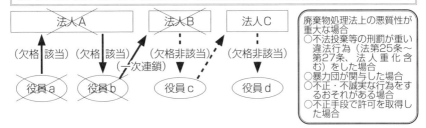

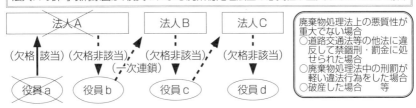

産業廃棄物処理業許可の必要・不要

- 　いわゆる下取り行為は、商習慣として実施してきたものは許可不要であるが、新たに開始する場合は脱法行為となるおそれあり。

- 　親会社が子会社の産業廃棄物を無償で引き取り、自社の産業廃棄物とあわせて処理する場合、又は事業者が産業廃棄物を処理する目的で子会社を設立し、当該事業者が排出する産業廃棄物を処理する場合はそれぞれ別法人となるので、前者の親会社、後者の子会社は許可が必要

- 　Aの設置する工場の構内のみであっても、Aが排出する産業廃棄物を別法人のBが収集、運搬、処分している場合、Bは別法人なので許可が必要

- 　複数の事業場を有する事業者が、各事業場から発生する産業廃棄物を一つの事業場に運搬して処分する場合には同一法人であるので、許可不要

- 　排出事業者Aの設置した産業廃棄物処理施設で、Aが他の者Bの人員を雇用してAが維持管理する場合は許可不要。AがBに施設を貸して、BがBの人員を使用して維持管理する場合は許可が必要

法人格を有する

- 　事業者が産業廃棄物を処理する目的で、協同組合を作る場合、法人格を有すれば許可が必要
- 　町内会等法人格を有さない団体は許可を取れない。
- 　施設・人員を有していない組合で、組合員が有している場合、組合は許可を取れない。
- 　全車両を賃借して、収集運搬業を実施する場合は、継続的に使用権原があれば許可を受けることができる。

個人から会社に変更、合併

- 　産業廃棄物処理業の許可を受けている個人業者が、会社を設立し、同じ内容の処理業を行う場合、個人と会社は別人格であるので、新たな許可が必要
- 　産業廃棄物処理業を受けている株式会社が、他の株式会社と合併したとき、存続法人となる場合には許可は不要

住民同意

住民同意を廃棄物処理業の許可要件とすることはできない。

親子会社による一体的処理の認定

> 2以上の事業者がそれらの産業廃棄物の収集、運搬又は処分を一体として
> 実施しようとする場合には、当該2以上の事業者は、共同して、次の各号の
> いずれにも適合していることについて、当該産業廃棄物の収集、運搬又は処
> 分を行おうとする区域を管轄する都道府県知事の認定を受けることができ
> る。
> (1)　当該2以上の事業者のいずれか一の事業者が当該2以上の事業者のう
> 　　ち他の全ての事業者の発行済株式の総数を保有していることその他の当
> 　　該2以上の事業者が一体的な経営を行うものとして環境省令で定める基
> 　　準に適合すること。
> (2)　当該2以上の事業者のうち、それらの産業廃棄物の収集、運搬又は処
> 　　分を行う者が、産業廃棄物の適正な収集、運搬又は処分を行うことがで
> 　　きる事業者として環境省令で定める基準に適合すること。
>
> 〔法第12条の7第1項〕

　産業廃棄物を親子会社が一体的処理（まとめて処理）を行おうとする場合、
都道府県知事等の認定を受ければ、当該親子会社は、廃棄物処理業の許可を受
けないで、相互に親子会社間で産業廃棄物の処理を行うことができる。

【一体的な経営を行う事業者の基準】

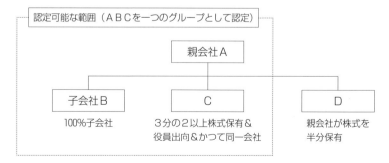

　自社で処理施設を有する場合、分社化した会社もその施設で処理することができるメリットがあるが、排出事業者責任が共有されるので、統一した適正処理（同レベルで管理、遵法意識や知識）が要求される。例えば、子会社で知識不足からマニフェストに虚偽記載があると、親会社も罰せられることになる。

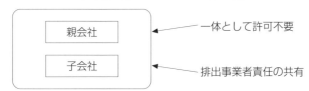

再委託の禁止

> 　産業廃棄物収集運搬業者は、産業廃棄物の収集若しくは運搬又は処分を、産業廃棄物処分業者は、産業廃棄物の処分を、それぞれ他人に委託してはならない。
> 　ただし、事業者から委託を受けた産業廃棄物の収集若しくは運搬又は処分を政令で定める基準に従って委託する場合その他環境省令で定める場合は、この限りでない。　　　　　　　　　　　　　　　　〔法第14条第16項〕

　再委託は、産業廃棄物の処理についての責任の所在を不明確にし、不法投棄等の不適正処理を誘発するおそれがあることから、産業廃棄物処理業者が委託を受けた産業廃棄物の処理を他人に委託することは原則として禁止されている。

産業廃棄物の再委託

　例外的に再委託が認められるのは、①政令で定められた基準に合致、②命令（措置・改善）の履行の場合に限られ、再々委託は例外なく禁止されている。

産業廃棄物の再委託禁止	例外	①　再委託基準に合致 　・事前に事業者の書面承諾 　・事業の範囲内 　・委託契約条項記載文書を交付 ②　命令（改善命令・措置命令）履行のための再委託

　①の政令の再委託基準の場合、再委託の必要性が生ずるのは、運搬車両や処理施設の故障等によって、受託した業務が遂行できなくなった場合等である。

19 産業廃棄物処理業の許可の取消し等

　産業廃棄物処理業の許可制度は、産業廃棄物の処理を業として行うことを一般的に禁止した上で、事業の用に供する施設及び事業を行う者の能力が事業を的確に、かつ、継続して行うに足りるものとして一定の基準に適合すると認められるときに限って許可することにより、産業廃棄物の適正な処理を確保するものである。したがって、その基準に適合しなくなったときなどは、直ちに事業の停止を命ずる（法第14条の３）。

　産業廃棄物処理業者が欠格要件に該当したときなどは、その許可を取り消さなければならない。また、事業の用に供する施設が基準に適合しなくなったときは、許可を取り消すことができる（法第14条の３の２）。

(1) 事業停止命令

　産業廃棄物処理業者（収集・運搬又は処分）が次のいずれかに該当するときは、都道府県知事は、期間を定めて、その事業の全部又は一部の停止を命ずることができる。

① 違反行為をしたとき、又は他人に対して違反行為をすることを要求し、依頼し、若しくは唆し、若しくは他人が違反することを助けたとき。

② その者の事業の用に供する施設又はその者の能力が基準に適合しなくなったとき。

③ 許可時に付した条件に違反したとき。

事業停止命令	① 違反行為・他人に違反行為を要求、依頼、示唆、帮助
	② 施設基準・能力基準に適合しない
	③ 許可時の条件に違反

(2)　許可の取消し

　産業廃棄物処理業者（収集・運搬又は処分）が次のいずれかに該当するとき
は、都道府県知事は、その許可を取り消さなければならない（「必ず取り消さ
なければならない」ものを羈束裁量という）。

①　欠格要件のいずれかに該当するに至ったとき。

②　違反行為をしたとき、又は他人に対して違反行為をすることを要求し、
　　依頼し、若しくは唆し、若しくは他人が違反することを助けたときに該当
　　し、情状が特に重い（悪質）とき、又は事業停止命令に違反したとき。

③　不正の手段により許可を受けたとき。

　また、都道府県知事は、次のいずれかに該当するときは、その許可を取り消
すことができる。

④　その者の事業の用に供する施設又はその者の能力が基準に適合しなくな
　　ったとき。

⑤　許可時に付した条件に違反したとき。

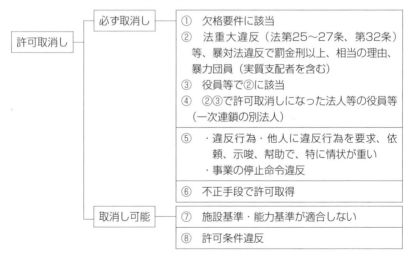

違反行為の要求、依頼、 唆<ruby>し</ruby>、助けの内容

- 「要求、依頼、唆し」とは、いずれも他人に対して違反行為をすることを働きかける行為であり、実際に違反行為が行われることを要しない。「要求」とは、優越的立場で他人に違反行為をすることを求めること。「依頼」とは、「要求」に当たらない場合、すなわち自己と同等以上の地位にある者に対して違反行為をすることを求めることや優越的立場でなく他人に対して違反行為をすることを求めることであって、相手方には違反行為をする意志がある場合をいう。「唆し」とは、他人に違反行為を誘い勧めることをいい、違反行為をする意志のない相手方にその意志を生じさせる場合をいう。

- なお、収集運搬業者が、排出事業者に対して委託基準違反に該当する行為や産業廃棄物管理票（以下「管理票」という。）の不交付、不記載等の違反行為をすることを働きかける行為、処分業者に対して架空の管理票を作成することを働きかける行為等が近時少なからず見受けられるが、これらの行為はこの要件に該当するものである。

- 「助け」とは、他人が違反行為をすることを容易にすることをいい、例えば、収集運搬業者が無許可業者の事業場まで運搬を行う場合、無許可業者への仲介又は斡旋を行う場合、処分業者が、法第12条第6項に規定する委託基準に違反し、あるいは再委託禁止に違反する処分委託であることを知りながらそれを受託する場合などが広くこれに該当する。

経理的基礎

　金銭債務の支払い不能に陥った者、弁済期日にある債務を弁済することが困難である者、債務超過に陥っている法人等は、経理的基礎を有しないものと判断して差し支えない。

施設の能力基準

　施設を設置する土地を借りていた産業廃棄物処理業者が、借地料を滞納したため、地主から借地契約を解約され、施設の使用が不可能となった場合、処理に適する施設を有しないものと見ることができる。

優良産業廃棄物処理業者認定制度

優良な産業廃棄物処理業者に優遇措置を講ずるとともに、排出事業者が優良な産業廃棄物処理業者を選択しやすい環境を整備することで、産業廃棄物処理業界全体の優良化を図ることにより、産業廃棄物の適正処理を推進するものである。

このため、①違法性、②事業の透明性、③環境配慮の取組の実施、④電子マニフェストの利用及び⑤財務体質の健全性に係る5つの基準に適合する優れた能力及び実績を有する産業廃棄物処理業者を都道府県知事が認定する制度である。

認定を受けた産業廃棄物処理業者は、通常5年の産業廃棄物処理業有効期限が7年に延長される。

【優良基準】

1 違法性に係る基準

優良確認の申請日前5年において、廃棄物処理法に基づく特定不利益処分（業務停止命令、改善命令など）を受けていないこと。

2 事業の透明性に係る基準

法人の基礎情報、取得した産業廃棄物処理業の許可の内容、廃棄物処理施設の能力や維持管理状況、産業廃棄物の処理状況等の情報を、一定期間継続してインターネットを利用する方法で公表・更新していること。

3 環境配慮の取組みに係る基準

ISO14001又はエコアクション21などの認証を取得していること。

4 電子マニフェストに係る基準

情報処理センターの電子マニフェストを利用登録し、電子マニフェストが利用可能なこと。

5　財務体質の健全性に係る基準

① 自己資本比率（［純資産の額］÷［純資産の額＋負債の額］）

　　直前3年間の自己資本比率がゼロ以上であることに加えて、直前3年の各事業年度のうちいずれかの事業年度における自己資本比率が10％以上であること、又は前年度の営業利益金額等（営業利益金額＋減価償却費）がゼロを超えること。

② 経常利益金額等

　　直前3年の各事業年度における経常利益金額等の平均値が零を超えること。

③ 税及び保険料の納付

　　産業廃棄物処理業等の実施に関連する税目（法人税、消費税、都道府県税等）、社会保険料及び労働保険料について、滞納していないこと。

④ 維持管理積立金の積立て（最終処分場の場合のみ）

　　優良認定を受ける区域の特定廃棄物最終処分場について、維持管理積立金を積み立てていること。

産業廃棄物管理票(マニフェスト)

　産業廃棄物管理票（マニフェスト）制度は、事業者が産業廃棄物の処理を委託する際に、産業廃棄物処理業者に対してマニフェストを交付し、処理終了後に処理業者からその旨を記載したマニフェストの送付を受けることにより、委託内容どおりに産業廃棄物が処理されたことを確認することで、適正な処理を確保する制度である。

マニフェストの流れ

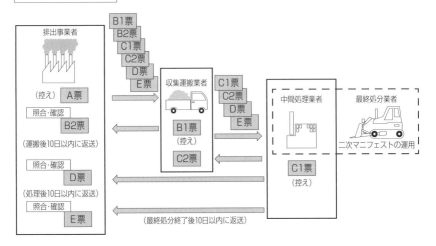

　排出事業者は、Ｂ２、Ｄ、Ｅ票が返送されたとき、保管しているＡ票と照合し、廃棄物が処分されたかどうか確認し、Ａ票の確認欄に返送日を記入する。

　マニフェストの返送期限は下記のとおりとなっているが、排出事業者に返送されてこない場合の対応については、マニフェスト交付日から90日（特別管理産業廃棄物の場合は60日）以内にＢ２、Ｄ票の返送を受けない場合、又は180日以内にＥ票の送付を受けない場合は、その処理を確認し、適切な措置を講じ都道府県知事に報告する。

【排出事業者の返送確認期限】

マニフェスト	確認期限
Ｂ２（運搬受託者）	90日
Ｄ　（処分受託者・中間）	（特別管理60日）
Ｅ　（処分受託者・中間）	180日

【紙マニフェストの送付期限】

事業者	マニフェスト	送付先	送付する期限
運搬受託者	Ｂ２	排出事業者	運搬を終了した日から10日以内
処分受託者	Ｃ２	運搬受託者	処分を終了した日から10日以内
	Ｄ	排出事業者	
	Ｅ		最終処分が終了した旨記載された二次マニフェストのＥ票が返送され、最終処分を確認した日から10日以内

【虚偽のマニフェストの交付等の禁止】

　産業廃棄物処理業者が、産業廃棄物の運搬又は処分を受託していないにもかかわらず、虚偽のマニフェストを交付することは禁止されている。

　また、マニフェストの交付を受けずに産業廃棄物の引渡しを受けることも禁止されている。

　マニフェストを必要としない委託は次のとおりで、市町村に委託する場合などである。

マニフェストの交付を必要としない収集運搬・処分の委託

① 市町村、都道府県又は国に委託

② 専ら再生利用の目的の産廃のみを委託

③ 再生利用認定（環境大臣特例、広域認定及び都道府県知事の指定）を受けた者
　に認定（指定）物を委託

④ 運搬用パイプライン利用

⑤ 国土交通大臣に届け出て廃油処理事業を行う港湾管理者等に廃油を委託　など

【直行用マニフェスト】

7枚複写のマニフェスト

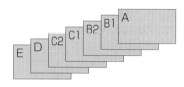

A票……排出事業者の保存用

B1票　運搬受託者の控え

B2票…運搬受託者から排出事業者に返送され、
　　　　運搬終了を確認

C1票…処分受託者の保存用

C2票…処分受託者から運搬受託者に返送され、
　　　　処分終了を確認（運搬受託者の保存用）

D票……処分受託者から排出事業者に返送され、
　　　　処分終了を確認

E票……処分受託者から排出事業者に返送され、
　　　　最終処分終了を確認

枠内法定記載事項

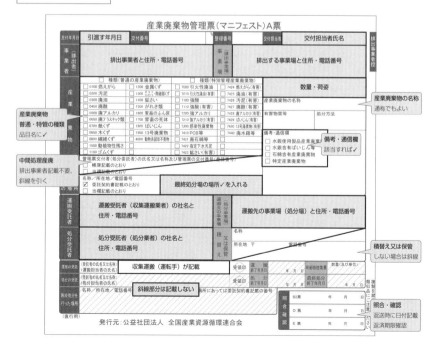

【産業廃棄物管理票交付等状況の報告】

　産業廃棄物の排出事業者は、その前年度に交付した管理票（マニフェスト）の交付実績を毎年6月30日までに、都道府県知事（又は政令市長）に報告しなければならない。

> 産業廃棄物管理票交付等状況報告様式

様式第三号（第八条の二十七関係）

　　　　　産業廃棄物管理票交付等状況報告書（　　　　年度）

都道府県知事　殿　　　　　　　　　　　　　　　　　　　年　月　日
（市　長）　　　　　　　　　　報告者
　　　　　　　　　　　　　　　住　所
　　　　　　　　　　　　　　　氏　名
　　　　　　　　　　　　　　　　（法人にあっては、名称及び代表者の氏名）
　　　　　　　　　　　　　　　電話番号

　廃棄物の処理及び清掃に関する法律第12条の3第7項の規定に基づき、　　　年度の
産業廃棄物管理票に関する報告書を提出します。

事業場の名称					業　種			
事業場の所在地				電話番号				
番号	産業廃棄物の種類	排出量(t)	管理票の交付枚数	運搬受託者の許可番号	運搬受託者の氏名又は名称	運搬先の住所	処分受託者の許可番号	処分受託者の氏名又は名称	処分場所の住所
1								
2								
3								
4								

備考
　1　この報告書は、前年4月1日から3月31日までに交付した産業廃棄物管理票について6月30日までに提出すること。
　2　同一の都道府県（政令市）の区域内に、設置が短期間であり、又は所在地が一定しない事業場が2以上ある場合には、これらの事業場を1事業場としてまとめた上で提出すること。
　3　産業廃棄物の種類及び委託先ごとに記入すること。
　4　業種には日本標準産業分類の中分類を記入すること。
　5　運搬又は処分を委託した産業廃棄物に石綿含有産業廃棄物、水銀使用製品産業廃棄物又は水銀含有ばいじん等が含まれる場合は、「産業廃棄物の種類」の欄にその旨を記載するとともに、各事項について石綿含有産業廃棄物、水銀使用製品産業廃棄物又は水銀含有ばいじん等に係るものを明らかにすること。
　6　処分場所の住所は、運搬先の住所と同じである場合には記入する必要はないこと。
　7　区間を区切って運搬を委託した場合又は受託者が再委託を行った場合には、区間ごと運搬受託者又は再受託者についてすべて記入すること。

（日本産業規格　A列4番）

　また、マニフェストでは重量で記載することは求められていないが、産業廃棄物管理票交付等状況報告では重量で記載することになっているので、トンに換算して記載する。【☞P.116参照】

【マニフェストの違反】

　マニフェスト違反は措置命令の対象にもなっており、罰則も厳しく定められている。

産業廃棄物等の種類と体積（立方メートル）から重量（トン）への換算係数（参考値）

産業廃棄物の種類	換算係数（t／㎥）	産業廃棄物の種類	換算係数（t／㎥）
燃え殻	1.14	建設混合廃棄物	0.26
汚泥	1.10	管理型混合廃棄物	0.26
廃油	0.90	安定型混合廃棄物	0.26
廃酸	1.25	シュレッダーダスト	0.26
廃アルカリ	1.13	その他混合廃棄物	（注1）
廃プラスチック類	0.35	廃電気機械器具	1.00
廃プラスチック類（石綿含有産業廃棄物）	0.35	廃自動車	1.00
紙くず	0.30	廃電池類	1.00
木くず	0.55	複合材（注2）	1.00
繊維くず	0.12	特別管理産業廃棄物の種類	換算係数（t／㎥）
動植物性残渣	1.00	廃油（引火性廃油）	0.90
動物系固形不要物	1.00	廃油（特定有害産業廃棄物）	0.90
ゴムくず	0.52	汚泥（特別管理産業廃棄物）	1.10
金属くず	1.13	廃酸（強廃酸）	1.25
ガラスくず、コンクリートくず及び陶磁器くず	1.00	廃酸（特定有害産業廃棄物）	1.25
ガラスくず、コンクリートくず及び陶磁器くず（石綿含有産業廃棄物）	1.00	廃アルカリ（廃強アルカリ）	1.13
鉱さい	1.93	廃アルカリ（特定有害産業廃棄物）	1.13
がれき類	1.48	感染性廃棄物	0.30
がれき類（石綿含有産業廃棄物）	1.48	廃PCB等	1.00
コンクリートがら	1.48	PCB汚染物	1.00
アスファルト・コンクリートがら	1.48	PCB処理物	1.00
動物のふん尿	1.00	鉱さい（特定有害産業廃棄物）	1.93
動物の死体	1.00	廃石綿等	0.30
ばいじん	1.26	ばいじん（特定有害産業廃棄物）	1.26
13号廃棄物	1.00	燃え殻（特定有害産業廃棄物）	1.14
輸入された廃棄物	（注1）	指定有害廃棄物	（注1）
		その他特別管理産業廃棄物	（注1）

注1）参考値に換算係数を示していないものについては、種類・形状・形態から判断して換算すること。
注2）複数の産業廃棄物が排出段階で一体不可分になっているもの。
注3）この換算係数はあくまでマクロ的な重量を把握するための参考値という位置付けであることに留意されたい。
注4）「2t車1台」といったような場合には、積載した廃棄物の体積を推計し、それぞれ上記換算係数を掛けることによりトン数を計算する方法がある。
（出典：環境省通知（H18.12.27環廃産発第061227006号）及び（公財）日本産業廃棄物処理振興センター資料をもとに作成）

【電子マニフェスト】

　電子マニフェストとは、複写式「紙マニフェスト」に代えて、携帯電話、パソコンなどを利用して、マニフェストを交付するシステムである。日本産業廃棄物処理振興センター（情報処理センター）が一括管理・運用している。

　特別管理産業廃棄物の多量排出事業者（年間50トン以上）は、電子マニフェストの使用が2020年4月1日から義務づけられている。

　電子マニフェストのメリットは、いくつかあるが、情報処理センターが管理・保存しているため、マニフェストの保存が必要ないことや、排出事業者が電子マニフェストを使用している部分については産業廃棄物管理票交付等状況報告が不要となっている。

電子マニフェストの仕組み

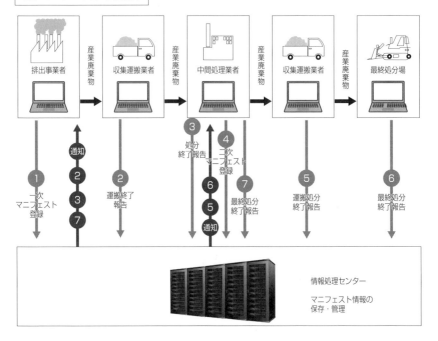

マニフェスト①

　運搬受託者が同一の運搬先に同時に複数の運搬車を用いて運搬する場合、同時に引き渡され、運搬先が同一なら、一回の引渡しと見ることが可能であるため、それぞれの運搬車にマニフェストは必要ない。

マニフェスト②

　産業廃棄物が適正に処理・回収されている場合で、かつ、農業協同組合が集荷場所を提供している場合には、マニフェストの記載を集荷場所の提供者が行うことができる。

一体不可分な状態

　シュレッダーダストのように複数の産業廃棄物が発生段階から一体不可分な状態で混合している場合、シュレッダーダストのような一般的名称で記載してもよい。

再生利用に係る特例

　廃棄物の減量化を推進するため、生活環境の保全上支障がないなどの一定の要件に該当する再生利用に限って、環境大臣が認定する制度である。

　認定を受けたものは、廃棄物処理業、廃棄物処理施設の許可を不要とする規制緩和措置を講じたものである。

【対象となっているもの】

1　廃ゴムタイヤ（自動車用のものに限る。）に含まれる鉄を**セメント原料**として使用する場合（一般廃棄物、産業廃棄物）

2　**建設汚泥**（シールド工法若しくは開削工法を用いた掘削工事、杭基礎工法若しくは連続地中壁工法に伴う掘削工事又は地盤改良工法を用いた工事に伴って生じた無機性のものに限る。）を河川管理者の仕様書に基づいて**高規格堤防の築造**に用いるために再生する場合（産業廃棄物）

3　**廃プラスチック類**を高炉において**鉄鉱石の還元剤**に用いるために再生し使用する場合（一般廃棄物、産業廃棄物）

4　**廃プラスチック類**をコークス炉において**コークスと炭化水素油**に再生し使用する場合（一般廃棄物、産業廃棄物）

5　**廃肉骨粉**（化製場から排出されるものに限る。）に含まれるカルシウムを**セメント原料**として使用する場合（一般廃棄物）

6　**シリコン含有汚泥**（半導体製造、太陽電池製造又はシリコンウエハ製造の過程で生ずる専らシリコンを含む排水の濾過膜を用いた処理に伴って生じた汚泥に限る。）を転炉又は電気炉において**溶鋼の脱酸材**として使用する場合（産業廃棄物）

7　**金属を含む廃棄物**（当該金属を材料として使用することができる程度に含むものが廃棄物になったものに限る。）から、鉱物又は鉱物の製錬若しくは精錬を行う工程で生ずる副生成物を原材料として使用する非鉄金属の製錬若しくは精錬又は製鉄の用に供する施設において、**金属を再生品として**得る場合（産業廃棄物）

　なお、認定を受けたものについても処理基準の遵守、帳簿の記載及び保存義

務等の規制は適用される。

　また、一部の構造改革特区のみの限定で、「廃木材（廃棄物となった木材で、容易に腐敗しないように適切な除湿の措置を講じたものに限る。）を鉄鋼の製造の用に供する転炉その他の製鉄所の施設において溶銑に再生し、かつ、これを鉄鋼製品の原材料として使用する場合」（一般廃棄物、産業廃棄物）再生利用認定の対象となっている。

　広域再生利用に係る特例

　製造、加工、販売等の事業を行う者（製造事業者等）が、その製品の販売地点までの広域的な運転システム等を活用して、当該製品等が産業廃棄物となった場合に、それを回収し、再生利用を促進することを目的としている。

　自らが製造・加工等を行った製品が産業廃棄物となったものを処理する場合以外は対象とならない。したがって、単に他人の産業廃棄物を広域的にリサイクルするというだけでは、指定は受けられない。

　環境大臣の「広域認定」を受け、都道府県ごとの廃棄物処理業の許可を不要とする制度である。製造業者等が処理を担うことにより、製品の性状・構造を熟知していることで高度な再生処理が期待できることなどの、第三者にはない適正処理のためのメリットが得られる場合が対象となる（廃パチンコ台など多くのものが指定されている）。

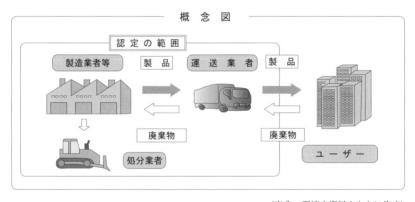

（出典：環境省資料をもとに作成）

☑ チェック Q&A ⑤

質問6

(1)　金属含有物を排出事業者より有償購入して金属回収を行う者が、金属の市況が低下したために排出事業者より処理料金を受領する場合、当該者は処分業の許可が必要であると解してよいか。

(2)　産業廃棄物処分業の許可を要しない者として、省令第10条の3第2号の県知事が指定した再生利用業者が、再生後に得られる有価物の市況が低下したために排出事業者より再生輸送費以上の金額の処理料金を受領することとなった場合、当該者は処分業の許可が必要であると解してよいか。

◀◀◀ 回答 ▶▶▶

　(1)(2)とも処分業の許可が必要である。

◀◀◀ 解説 ▶▶▶

　有価物で取引されていたものが、市況変動により、処理料金を取られることになれば、廃棄物を再利用することとなるので、産業廃棄物処分業の許可が必要となる。

　処理業に当たるかどうかは、有償購入費と運賃の差で判断される場合が一般的である。

(参考文献：英保次郎著『九訂版　廃棄物処理法Q&A』東京法令出版)

第 **6** 章

廃棄物処理施設

廃棄物処理施設

(1) 廃棄物処理施設の種類

【一般廃棄物処理施設】

号番号	一般廃棄物処理施設	許可対象規模（処理能力）
1	ごみ処理施設	5 t／日以上
	ごみ処理施設のうち焼却施設	200kg／時以上、又は火格子面積2㎡以上
2	し尿処理施設	浄化槽法の浄化槽は除く。
3	一般廃棄物最終処分場	全てのもの

　一般廃棄物最終処分場は、産業廃棄物の管理型最終処分場と同じものである。

【産業廃棄物処理施設】

号番号	産業廃棄物処理施設		許可対象規模（処理能力）
1	汚泥の脱水施設		10㎡／日を超えるもの
2	汚泥の乾燥施設	乾燥施設	10㎡／日を超えるもの
		天日乾燥	100㎡／日を超えるもの
3	汚泥の焼却施設		5㎡／日を超えるもの、200kg／時以上、又は火格子面積2㎡以上
4	廃油の油水分離施設		10㎡／日を超えるもの
5	廃油の焼却施設		1㎡／日を超えるもの、200kg／時以上、又は火格子面積2㎡以上

6	廃酸・廃アルカリの中和施設	50㎥／日を超えるもの
7	廃プラスチック類の破砕施設	5t／日を超えるもの
8	廃プラスチック類の焼却施設	100kg／日を超えるもの、又は火格子面積2㎡以上
8―2	木くず又はがれき類の破砕施設	5t／日を超えるもの
9	有害物質を含む汚泥のコンクリート固型化施設	全てのもの
10	水銀汚泥のばい焼施設	全てのもの
10―2	廃水銀の硫化施設	全てのもの
11	シアン化合物分解施設	全てのもの
11―2	廃石綿等又は石綿含有産業廃棄物の溶融施設	全てのもの
12	廃PCB等、PCB汚染物又はPCB処理物の焼却施設	全てのもの
12―2	廃PCB等（PCB汚染物に塗布され、染み込み、付着し、又は封入されたPCBを含む。）又はPCB処理物の分解施設	全てのもの
13	PCB汚染物又はPCB処理物の洗浄施設又は分離施設	全てのもの
13―2	産業廃棄物の焼却施設（上記3、5、8、12は除く。）	200kg／時以上、又は火格子面積2㎡以上
14	最終処分場	イ　遮断型産業廃棄物　ロ　安定型産業廃棄物　ハ　管理型産業廃棄物	全てのもの

(2)　廃棄物処理施設の設置許可

　廃棄物処理施設を設置しようとする場合は、あらかじめ、都道府県知事の許可を受けなければならない。廃棄物処理施設は、廃棄物の中間処理、再生、最終処分が行われるので、施設の構造の安全性・維持管理の確実性が確保されなければならない。都道府県知事は許可に際して、その許可申請の計画が技術上

の基準に適合しているかどうか、当該施設の設置に関する計画と維持管理に関する計画が周辺地域の生活環境の保全及び周辺施設について適正な配慮がなされたものであるかどうかを審査する。また、申請者の能力（知識・技能、経理的基礎）が基準に適合すること及び欠格要件に該当しないことが許可の条件となる。

　なお、市町村が一般廃棄物処理施設を設置する場合は、都道府県知事へ届出することとなっている。

　廃棄物処理施設の許可に当たっては、廃棄物処理施設が単に廃棄物を無害化、減量化する等処理能力を有するだけでなく、廃棄物の処理の過程で生活環境保全上支障が生じないような構造であること、また、その申請者が適切に当該施設を維持管理することができる知識及び技能を有することを求めている。

許可の判断基準	① 技術上の基準適合
	② 周辺地域の生活環境保全、周辺施設の適正な配慮（設置計画、維持管理計画）
	③ 申請者の能力が基準に適合（施設の設置、維持管理を的確に継続　▶　技能・経理的基礎）
	④ 欠格要件　▶　該当しないこと。

　許可事業者は、施設が完成した場合には使用前検査を受け、技術上の基準及び申請書に記載した設置に関する計画に適合していることを認めてもらってからの使用開始となる。

　技術上の基準は各廃棄物施設ごとに決められているが、廃棄物焼却施設、最終処分場の概念図を以下に示した。また、維持管理の技術上の基準も定められている。

散 歩 道

一般廃棄物焼却施設で産業廃棄物を焼却

　市町村の設置する一般廃棄物処理施設で産業廃棄物を焼却する場合は、産業廃棄物の設置許可は必要ない。

【焼却施設の構造基準　☞P.247、P.262参照】

焼却施設の構造

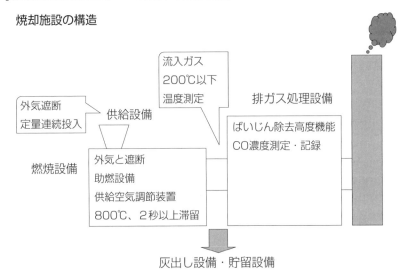

流入ガス
200℃以下
温度測定

外気遮断
定量連続投入

供給設備

排ガス処理設備

ばいじん除去高度機能
CO濃度測定・記録

燃焼設備

外気と遮断
助燃設備
供給空気調節装置
800℃、2秒以上滞留

灰出し設備・貯留設備

イ	供給設備	外気遮断状態、定量連続投入供給設備 （除外：ガス化燃焼方式、2t/h未満）
ロ	燃焼室	(1)　外気と遮断 (2)　速やかな規定温度への上昇・保持用助燃設備 (3)　供給空気調節装置 (4)　燃焼ガス800℃以上で焼却、同温度の保持と2秒以上の滞留 　　※廃PCB、PCB汚染物、PCB処理物の場合は1,100℃
ハ	測定	燃焼ガス温度の連続測定、記録装置

ニ ホ	冷却設備	集じん器流入ガス200℃以下に冷却 燃焼ガス温度の連続測定、記録装置
ヘ ト	排ガス処理施設	ばいじん除去高度機能 排ガスCO濃度連続測定・記録装置
	廃油の流出防止	(1)　廃油流出防止堤等 (2)　施設の床又は地面の不浸透措置 　※廃油、廃PCB、PCB処理物に限る。
チ	灰出し分離	ばいじん分離灰出し設備、貯留設備（除外：溶融、焼成処理）
リ	灰出し設備	(1)　ばいじん、焼却灰の飛散流出防止 (2)　溶融加工▶融点以上の温度 　　　　　　　　▶排ガス処理設備 (3)　焼成　　▶1000℃以上の温度 　　　　　　　▶温度連続測定、記録 　　　　　　　▶排ガス処理設備 (4)　セメント固化 薬剤処理　▶混練設備 セメント（薬剤）＋水　▶均一に混合

【最終処分場】

　最終処分場には、3種類のタイプがある。有害な廃棄物を処分するため、雨水等から隔離する遮断型最終処分場、廃棄物に雨水が接触しても水質汚濁を伴わない安定型最終処分場、及び雨水等に接触した廃棄物からの浸出水を集め処理する管理型最終処分場である。

(1)　安定型最終処分場　【☞P.267参照】

　安定型最終処分場に処分される廃棄物は、安定型産業廃棄物に限定されており、安定型産業廃棄物は、水と接触しても外部に影響を与えるほどの汚水の流出はないものである。

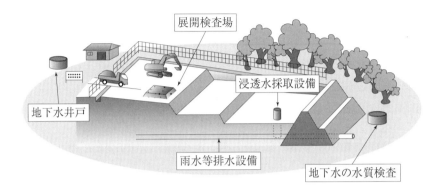

展開検査場

浸透水採取設備

地下水井戸

雨水等排水設備

地下水の水質検査

(2) 管理型最終処分場（一般廃棄物最終処分場）【☞P.251、P.268参照】

　管理型最終処分場は、廃棄物層からの浸出水の地下浸透を防止するとともに流入を防止する遮水設備（遮水工）を設けた上で、処分場上部からの雨水と浸出水のみを集水し、浸出水処理施設で処理することによって、外部環境への影響を少なくする構造となっている。

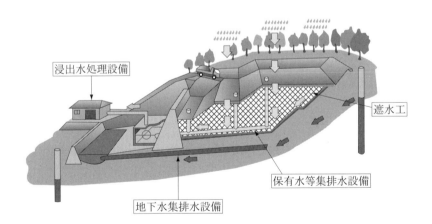

浸出水処理設備

遮水工

保有水等集排水設備

地下水集排水設備

(3)　廃棄物処理施設の定期検査

設置時に告示及び縦覧の手続が必要な焼却施設や最終処分場、PCB処理施設等の廃棄物処理施設について設置の許可を受けた者は、当該施設について定期的に都道府県知事の検査を受けなければならない。

(4)　熱回収施設認定制度

循環型社会と低炭素社会の統合的実現を目的として、一般廃棄物処理施設（市町村設置施設を除く。）又は産業廃棄物処理施設であって熱回収の機能を有する施設の設置者は、都道府県知事の認定を受けることができる（定期検査義務の免除等の特例を受けることができる）。

熱回収施設の都道府県知事認定	①技術上の基準に適合 　・熱回収に必要な設備（ボイラー等） 　・熱回収により得られる熱量を把握する装置 　　　　（電力計、圧力計、温度計、蒸気流量計） 　・廃棄物処理施設の技術上の基準適合 ②能力基準 　・10%以上の熱回収率（事業計画） 　・的確に、かつ、継続して行う（継続管理を適切に）

廃棄物処理施設

- ・試験のための実験炉は、設置許可の必要なし。
- ・軽微な変更で許可を受けずに能力を変更している場合の処理能力については、直近の許可に係る能力が基本となる。
- ・1つの焼却炉で2種類以上の産業廃棄物を焼却する場合、その焼却炉の処理能力については、同時あるいは別々に焼却するのいかんにかかわらず、それぞれの産業廃棄物を単独に焼却した場合の公称能力となる。
- ・1日当たりの処理能力については、焼却施設で1日24時間稼働の場合、24時間の定格能力、それ以外は実稼働時間の定格標準能力。8時間未満の場合は、稼働時間を8時間とした場合の定格標準能力となる。
- ・種類が同一の機械が複数設置され、機械が一体として機能している場合の処理能力は、機械の処理能力の合計となる。

技術管理者

　一般廃棄物処理施設の設置者又は産業廃棄物処理施設（政令で定める産業廃棄物の最終処分場を除く。）の設置者は、当該一般廃棄物処理施設又は産業廃棄物処理施設の維持管理に関する技術上の業務を担当させるため、技術管理者を置かなければならない。ただし、自ら技術管理者として管理する一般廃棄物処理施設又は産業廃棄物処理施設については、この限りでない。

〔法第21条第1項〕

　技術管理者は、その管理に係る一般廃棄物処理施設又は産業廃棄物処理施設を維持管理する事務に従事する他の職員を監督しなければならない。

〔法第21条第2項〕

　第1項の技術管理者は、環境省令で定める資格を有する者でなければならない。

〔法第21条第3項〕

　最近の廃棄物処理施設は、高度の技術を必要とされるものがある。そのため、処理施設の設置者が技術管理者を置き、責任の所在を明らかにしている。また、技術管理者は、廃棄物処理施設の維持管理に関する技術上の業務を担当するとともに、廃棄物処理法に規定する技術上の基準に係る違反が行われないように、施設の維持管理に従事する他の職員を監督しなければならない。

```
技術管理者 ┬ 廃棄物処理施設の技術面での維持管理
           └ 技術的維持管理に従事する職員の監督
```

技術管理者の資格
廃棄物の処理に関する技術上の実務経験 | 資格取得、卒業後等必要な最低経験年数

イ　技術士（化学、水道、衛生工学部門のみ）	不要
ロ　技術士で（上記部門以外の部門）	1年以上
ハ　2年以上環境衛生指導員の職にあった者	不要
ニ　〔A〕で衛生工学又は化学工学関連科目修得	2年以上
ホ　〔A〕でニ以外の科目修得	3年以上
ヘ　〔B〕で衛生工学又は化学工学関連科目修得	4年以上
ト　〔B〕でヘ以外の科目修得	5年以上
チ　高校の土木、化学科及び関連学科卒業	6年以上
リ　高校の理学、工学、農学関連科目修得卒業	7年以上
ヌ　10年以上、廃棄物の処理に関する技術上の実務に従事した者	
ル　上記と同等以上の知識・技能を有する者	

理学、薬学、工学、農学課程卒業者

大　学　　　短　大
〔A〕　　　〔B〕

技術管理者の兼任

　技術管理者について、①所在地が異なる場合、又は②隣接企業の場合、技術管理者はいずれもそれぞれの施設において、個別に設置することが必要である。

26 産業廃棄物処理責任者

　その事業活動に伴って生ずる産業廃棄物を処理するために第15条第1項に規定する産業廃棄物処理施設が設置されている事業場を設置している事業者は、当該事業場ごとに、当該事業場に係る産業廃棄物の処理に関する業務を適切に行わせるため、産業廃棄物処理責任者を置かなければならない。ただし、自ら産業廃棄物処理責任者となる事業場については、この限りでない。
〔法第12条第8項〕

　事業場において産業廃棄物の適正な処理を行わせるため、産業廃棄物処理施設が設置されている事業場には産業廃棄物処理責任者を置かせることとしたものである。産業廃棄物処理責任者の資格要件、業務範囲等は特に定められていないが、事業場内の産業廃棄物処理に関する業務に直接又は間接に携わり、これが適切に行われるようにする責任のある立場の者を選任する必要がある。

　　　　　産業廃棄物処理施設設置事業者　　産業廃棄物処理責任者
　　　　　　　　　　　　事業場ごと設置

非常災害に係る一般廃棄物処理の特例

　近年の自然災害における災害廃棄物処理の教訓・知見に基づき、災害廃棄物の適正な処理と再生利用を確保し、円滑かつ迅速にこれを処理することを目的に、廃棄物処理法において、以下の特例措置が整備された。

(1) 市町村による非常災害に係る一般廃棄物処理施設の届出の特例

　市町村は、非常災害が発生した場合に設置する必要がある一般廃棄物処理施設について、一般廃棄物処理計画に定め、都道府県知事に協議し、同意を得ることができる。同意を得た場合は、非常災害が発生した際に、通常時の都道府県知事による技術上の基準の審査期間に係る規定が適用されず、早期に施設を設置することができる。

(2) 非常災害時における一般廃棄物処理施設の設置の特例

　市町村以外の者が設置する一般廃棄物処理施設については、通常は都道府県知事からの許可が必要とされるが、非常災害時においては、市町村から災害により生じた廃棄物の処分の委託を受けた者が、その処理のための処理施設（最終処分場を除く。）を設置しようとするときは、都道府県知事への届出となる（通常時は許可が必要）。

(3) 産業廃棄物処理施設の設置者に係る一般廃棄物処理施設の設置の特例

　産業廃棄物処理施設において、その産業廃棄物処理施設で処理する産業廃棄物と同様の性状の一般廃棄物を処理しようとする場合、平時はあらかじめ届け出ることが必要である。

　非常災害時において、災害対応のために必要な応急措置として実施する場合には、事後届出が可能である。また、非常災害時に産業廃棄物処理施設におい

て処理する産業廃棄物と同様の性状を有する一般廃棄物に限定される。

【特例の対象となる一般廃棄物】

産業廃棄物処理施設	特例対象の一般廃棄物
廃プラスチック類破砕施設	廃プラ（特定家庭用機器、小型家電等金属・ガラスと一体となった一廃（他の一廃と分別収集））
廃プラスチック類焼却施設	
木くずの破砕施設	木くず（他の一廃と分別収集）
がれき類の破砕施設	がれき類（他の一廃と分別収集）
石綿含有産廃の溶融施設	石綿含有一廃（他の一廃と分別収集）
紙くず、木くず、繊維くず、動植物性残さ、動物性固形不要物、動物の死体の焼却施設	紙くず、木くず、繊維くず、動植物性残さ、動物の死体（他の一廃と分別収集）
産業廃棄物最終処分場（遮断型）	基準不適合水銀処理物
産業廃棄物最終処分場（管理型）	燃え殻、廃プラスチック類、紙くず、木くず、繊維くず、動植物性残さ、ゴムくず、金属くず、ガラスくず、コンクリートくず、陶磁器くず、がれき類、動物のふん尿、動物の死体、ばいじん、これらの一廃処理物（特別管理一般廃棄物は除く。）

⑷　非常災害時における一般廃棄物の収集、運搬、処分等の委託の基準の特例

　一般廃棄物の収集、運搬、処分等の委託の基準において、一律に再委託が禁止されているところ、被災した市町村の事務負担を軽減することによって災害廃棄物の円滑かつ迅速な処理を推進するため、非常災害時において、市町村が非常災害により発生した廃棄物の処理を委託するときに、市町村及び市町村から委託を受けた者が、環境省令で定める基準を満たす場合には、一般廃棄物の処理の再委託ができることとなった。

非常災害時の再委託基準	①	施設、人員、財政的基礎、相当の経験
	②	欠格要件に該当しない
	③	自ら実施（再々委託禁止）
	④	一次委託契約書に再受託者記載

廃棄物処理施設の許可の取消し

(1)　改善命令・施設使用停止命令

　処理施設設置者が次のいずれかに該当するときは、都道府県知事は、期間を定めて、その施設の必要な改善を命じ、又は期限を定めて、施設の使用の停止を命ずることができる。

① 　処理施設が、維持管理の技術上の基準に適合しないとき、申請書に記載した施設の設置計画に適合しないとき、又は維持管理計画に適合していないとき。

② 　廃棄物処理施設の管理者の能力が基準に適合しなくなったと認めるとき。

③ 　違反行為をしたとき、又は他人に対して違反行為をすることを要求し、依頼し、若しくは唆し、若しくは他人が違反することを助けたとき。

④ 　許可時に付した条件に違反したとき。

改善命令 施設使用停止命令	①　技術上の基準不適合、施設設置計画、維持管理計画に不適合
	②　能力基準不適合
	③　違反行為・他人に違反行為を要求、依頼、示唆、幇助
	④　許可条件違反

(2)　許可の取消し

　処理施設設置者が次のいずれかに該当するときは、都道府県知事は、その許可を取り消さなければならない。

① 　欠格要件のいずれかに該当するに至ったとき。

② 違反行為をしたとき、又は他人に対して違反行為をすることを要求し、依頼し、若しくは唆し、若しくは他人が違反することを助けたときに該当し、情状が特に重いとき、又は事業停止命令に違反したとき。

③ 不正な手段で許可を取得したとき。

また、改善命令等の対象となっている次の事項に該当するときは、都道府県知事は許可を取り消すことができる。

④ 処理施設が、維持管理の技術上の基準に適合しないとき、申請書に記載した施設の設置計画に適合しないとき、又は維持管理計画に適合していないとき、若しくは廃棄物処理施設の管理者の能力が基準に適合しなくなったと認めるとき。

⑤ 許可時に付した条件に違反したとき。

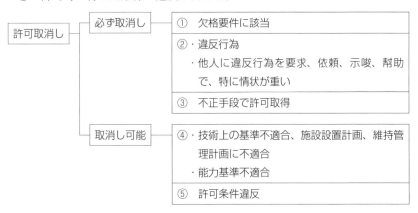

維持管理積立金

　　特定一般廃棄物最終処分場（一般廃棄物処理施設である一般廃棄物の最終
処分場であって、環境省令で定めるものをいう。以下同じ。）について第8
条第1項の許可を受けた者（以下「特定一般廃棄物最終処分場の設置者」と
いう。）は、当該特定一般廃棄物最終処分場に係る埋立処分の終了後におけ
る維持管理を適正に行うため、埋立処分の終了までの間、毎年度、特定一般
廃棄物最終処分場ごとに、都道府県知事が第4項の規定により通知する額の
金銭を維持管理積立金として積み立てなければならない。
〔法第8条の5第1項〕
　　第8条の5の規定は産業廃棄物処理施設である産業廃棄物の最終処分場で
あって環境省令で定めるものについて同項の許可を受けた者について準用す
る。
〔第15条の2の4〕

　　最終処分場の埋立終了後は設置者の収入がなくなる一方で、埋め立てた廃棄
物による環境汚染の危険が低減するまで長期にわたって浸出水の処理等の維持
管理を継続して行わなければならない。このため、市町村で設置する最終処分
場を除いて、民間で設置する最終処分場のうち、一般廃棄物処分場、管理型及
び安定型処分場については、埋立終了後の維持管理の費用について、あらかじ
め積み立てることが義務づけられている。

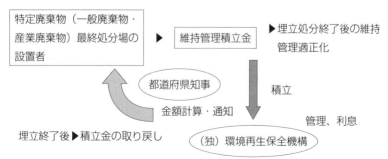

　最終処分場の設置許可を取り消された場合であっても、当該許可を取り消された者又はその承継人は、長期的な管理を要する最終処分場を設置したことに伴う一定の維持管理を引き継ぎ、定期検査や維持管理基準の遵守義務が必要となる。また、維持管理積立金制度により、許可を取り消された者が積立金を取り戻して維持管理費用に用いることができる。

　さらに、生活環境保全上の支障の除去等の措置を講じた場合において、当該措置が特定廃棄物最終処分場の維持管理に係るものであれば、市長村長又は都道府県知事は、当該維持管理の費用に充てるため、維持管理積立金を取り戻すことができる。

【維持管理積立金の算定基準】

(1)　$A = C \times \ell / L - T$

　　　A：当該年度の維持管理積立金の額

　　　C：埋立終了後の維持管理必要費用の額

　　　ℓ：埋立開始から当該年度の3月までの月数

　　　L：埋立開始から埋立終了までの月数

　　　T：当該年度までに積み立てられた維持管理積立金の額

(2)　必要な場合は次の式を適用

　　　$A = C \times (H + S \times \alpha) / N - T$

　　　A、C、T：(1)に同じ

　　　H：当該年度の前年までに当該処分場に埋立処分された廃棄物の量

　　　S：当該年度の4月から9月までに埋立処分された廃棄物の数量

　　　α：前年度における当該処分場の残余の埋立容量に基づいて、都道府県知事が定める数

　　　N：当該処分場の埋立容量

積立対象になる適用区分

処分場		H10.6.17	H17.4.1	H18.4.1
管理型	新規	○		
	既設			○
安定型	新規		○	
	既設			○

廃棄物が地下にある場合の土地形質変更

　過去に廃棄物の最終処分場であった跡地で土地利用する場合、土地を掘削するなどによって、安定していた廃棄物の状態が乱され、生活環境の保全上支障が生ずるおそれがあるので、都道府県知事が廃棄物の最終処分場の跡地を指定区域として指定する制度である。

【指定区域として指定するもの】

① 確認を受けて廃止された最終処分場に係る埋立地
② 廃止の届出があった最終処分場の埋立地
③ 設置届出された処分場で、平成4年7月以前に廃止
④ 市町村又は処理業者のミニ処分場又は旧処分場で廃止
⑤ 環境省令で定める生活環境の保全上の支障の除去又は発生の防止のために必要な措置が講じられたもの

　土地の形質変更を行おうとする場合は、着手日の30日前に都道府県知事に届け出なければならない。また、その土地の形質変更が環境省令基準に適合すること。

【環境省令基準】

① 廃棄物の飛散、流出なし
② 可燃ガス、悪臭ガスが発生▶ガス処理等
③ 埋立地内部に保有水▶外部に流出するおそれ▶水処理等
④ 土地の覆い機能を損なうおそれ▶機能維持のため、土砂の覆いの代替措置
⑤ 埋立地の設置設備の機能を損なうおそれ▶代替措置
⑥ 生活環境保全上支障の有無を確認▶必要な範囲で放流水水質検査実施
⑦ ⑥の検査の結果、生活環境保全上の支障▶原因調査、必要な措置
⑧ 石綿含有一般廃棄物、廃石綿等、石綿含有産業廃棄物が地下にあることが明らか▶必要な措置
⑨ 水銀処理物、廃水銀等処理物が地下にあることが明らか▶必要な措置

☑ チェック Q&A ⑥

> **質問7**　次の施設は、政令第7条に規定する産業廃棄物処理施設に該当するか。
>
> 　一定の生産工程を形成する工場又は事業場内のプラントの一部に組み込まれた汚泥の脱水施設で、次の要件を全て満たす。
>
> (1)　生産工程本体から発生した汚水のみを処理
>
> (2)　脱水後の脱離液が返送され、脱水施設から直接放流されない。事故等で汚泥が流失した場合も水処理施設に返送され、環境中に放出されない。
>
> (3)　脱水施設が水処理施設と一体的に運転
>
> 　また、工場又は事業場内に設置されている生産工程とはパイプライン等で結合されていない脱水施設であっても、工場又は事業場内における生産工程から発生した汚水のみを処理する場合はどうか。

◀◀◀ 回答 ▶▶▶

　政令第7条に規定する産業廃棄物処理施設に該当しない。また、以下の場合は、該当する。

◀◀◀ 解説 ▶▶▶

1　次の(1)から(3)の要件を全て満たす場合の汚泥の脱水施設は、独立した施設としてとらえ得るものとはみなされず、政令第7条に規定する**産業廃棄物処理施設に該当しないものとして取り扱う**。

(1)　当該脱水施設が、当該工場又は事業場内における生産工程本体から発生した汚水のみを処理するための水処理工程の一装置として組み込まれていること。

(2)　脱水後の脱離液が水処理施設に返送され脱水施設から直接放流されないこと、事故等により脱水施設から汚泥が流出した場合も水処理施設に返送され環境中に排出されないこと等により、当該脱水施設からの直接的な生活環境影響がほとんど想定されないこと。

(3)　当該脱水施設が水処理工程の一部として水処理施設と一体的に運転管理されていること。

2　油の油水分離施設、廃酸又は廃アルカリの中和施設等汚泥の脱水施設以外の処理施設についても、上記と同様の考え方により政令第7条に規定する産業廃棄物処理施設に該当するか否かを判断するものである。

3　1の要件を満たす脱水施設における産業廃棄物たる汚泥の発生時点は、従前のとおり当該脱水施設で処理する前である。

4　また、以下については、物理的に生産工程と結合されていないので、独立した施設ととらえる。

（参考文献：英保次郎著『九訂版　廃棄物処理法Q&A』東京法令出版）

第 **7** 章

その他

不法投棄

何人も、みだりに廃棄物を捨ててはならない。　　　　　〔法第16条〕

　生活環境を保全するという見地から、廃棄物の投棄を規制しようとするものである。「何人も」とされているので、事業者、収集運搬業者、処分業者等が反復継続して行う場合のみならず、1回限りの場合も適用される。処理基準に適合した処分行為は、処理基準が生活環境保全を目的に設定されているので、不法投棄には該当しない。

　不法投棄の禁止は、処理基準の適用がある者か否かを問わず、何人に対しても廃棄物の投棄を禁止し、生活環境の保全を担保するというものであり、その趣旨に照らして直接罰の適用としているものである。

```
廃棄物投棄禁止 ─── 何人もみだりに廃棄物を捨てることの禁止
```

 不法投棄

　無許可の産業廃棄物処理業者が地主の了解を得て、産業廃棄物を窪地に埋め立てる場合、投棄の禁止違反となる。

 収集し尿の浄化槽投入

　収集したし尿を勝手に浄化槽に投入する場合は、投棄の禁止違反となる。

他人の土地で無断保管

　他人の土地に無断で産業廃棄物を放置していた場合、客観的に見て放置の意志が明らかで、みだりに放置していると認められれば、投棄の禁止違反となる。

不法焼却

> 何人も、次に掲げる方法による場合を除き、廃棄物を焼却してはならない。
> (1)　一般廃棄物処理基準、特別管理一般廃棄物処理基準、産業廃棄物処理基準又は特別管理産業廃棄物処理基準に従って行う廃棄物の焼却
> (2)　他の法令又はこれに基づく処分により行う廃棄物の焼却
> (3)　公益上若しくは社会の慣習上やむを得ない廃棄物の焼却又は周辺地域の生活環境に与える影響が軽微である廃棄物の焼却として政令で定めるもの　　　　　　　　　　　　　　　　　　　　　　　　〔法第16条の2〕

　廃棄物処理基準に従わない焼却、いわゆる野外等での不法な廃棄物の焼却について、直接罰による焼却の禁止規定である。基準に基づく焼却、他法令に基づくもの、公益上、社会習慣上やむを得ないものには適用されない。

　▶　焼却禁止

（例外）

> ・廃棄物処理基準に基づく焼却
>
> ・他法令に基づく処分
>
> ・公益上、社会習慣上やむを得ない焼却
>
> 　①　国、地方公共団体：施設の管理・必要な焼却
>
> 　②　震災、風水害、火災、凍霜害等：災害予防、応急対策、復旧・必要な焼却
>
> 　③　風俗慣習上、宗教上の行事・必要な焼却
>
> 　④　農業、林業、漁業▶やむを得ない焼却
>
> 　⑤　たき火等日常生活▶軽微な焼却

例外の具体例

① **他法令の処分**：家畜伝染病予防法に基づいて、病気の家畜の死体の焼却、森林病害虫等防除法による駆除命令に基づく森林病害虫の付着している枝条又は樹皮の焼却など。

② **施設の管理**：河川管理者による河川管理を行うための伐採した草木等の焼却、海岸管理者による海岸の管理を行うための漂着物等の焼却など。

③ **震災等応急対策**：凍結防止のための稲わらの焼却、災害時の木くず等焼却、道路管理のための剪定した枝条等の焼却

④ **風俗習慣**：どんと焼き等の地域の行事で不要となった門松、しめ縄等の焼却

⑤ **農業、林業、漁業**：農業の稲わら焼却、林業の伐採枝条の焼却、漁業の漁網に付着した海産物等の焼却

⑥ **たき火、キャンプファイアーなどの木くず焼却**

有害使用済機器の保管等

> 　使用を終了し、収集された機器（廃棄物を除く。）のうち、その一部が原材料として相当程度の価値を有し、かつ、適正でない保管又は処分が行われた場合に人の健康又は生活環境に係る被害を生ずるおそれがあるものとして政令で定めるもの（「有害使用済機器」）の保管又は処分を業として行おうとする者（「有害使用済機器保管等業者」）は、あらかじめ、環境省令で定めるところにより、その旨を当該業を行おうとする区域を管轄する都道府県知事に届け出なければならない。　　　　　　　　　〔法第17条の2第1項〕

　鉛等の有害物質を含む、使用済電気電子機器と金属スクラップ等が混合された物（いわゆる雑品スクラップ）等が、環境保全措置が十分に講じられないまま保管や処分されることにより、火災を含む生活環境保全上の支障が生じており、平成30年4月から届出が必要となった。

対象品目（32品目）	① 家電リサイクル法に指定された4品目（附属品含む。） ② 小型家電リサイクル法に指定された28品目（附属品含む。）

【有害使用済機器の判別】

　有害使用済機器は、対象品目に指定された機器のうち、廃棄物ではなく、かつ、リユース（再使用）されていないものを指す。

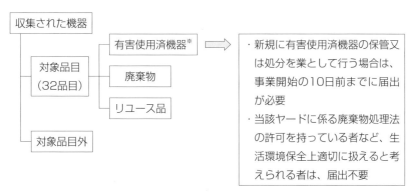

※　使用を終了し、収集された機器（廃棄物を除く。）のうち、その一部が原材料として相当程度の価値を有し、かつ、適正でない保管又は処分が行われた場合に人の健康又は生活環境に係る被害を生ずるおそれがあるもの

【有害使用済機器の保管・処分の基準】

・周囲に囲い、掲示板

・飛散、流出、地下浸透、悪臭発散の防止

積上げ高さ制限（屋外で容器を用いず保管）

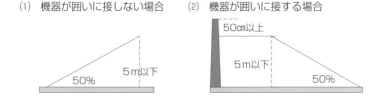

(1)　機器が囲いに接しない場合　　(2)　機器が囲いに接する場合

(3)　三方に堅牢な囲いがある場合

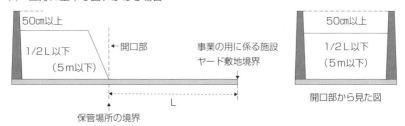

・火災の発生、延焼の防止

　①他の物と混合しないよう区分保管

　②電池、潤滑油など可能な範囲で回収、処理

　　　集積単位相互問の離問距離

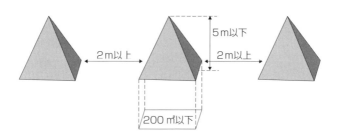

家畜のふん尿

　家畜のふん尿は「動物のふん尿（畜産農家に限る。）」であり、廃棄物処理法では産業廃棄物に該当し、産業廃棄物として処理する場合は産業廃棄物の処理基準が適用される。処理基準のうち、特に腐敗物を埋立処分する場合には、幅50cm以内のサンドイッチ埋立をすることとなっている。

　家畜排泄物の管理については、家畜排せつ物の管理の適正化及び利用の促進に関する法律（家畜排せつ物法）が適用されている。

　家畜排せつ物法には、家畜排せつ物の管理施設の構造基準が示されている。

【家畜排せつ物の管理施設の構造基準】

①　固形状の家畜排せつ物の管理施設は、床を不浸透性材料（コンクリート等汚水が浸透しないものをいう。）で築造し、適当な覆い及び側壁を設けること。

②　液状の家畜排せつ物の管理施設は、不浸透性材料で築造した貯留槽とすること。

【家畜排せつ物の管理の方法に関する基準】

①　家畜排せつ物は管理施設において管理すること。

②　管理施設の定期的な点検を行うこと。

③　管理施設の床、覆い、側壁又は槽に破損があるときは、遅滞なく修繕を行うこと。

④　送風装置等を設置している場合は、当該装置の維持管理を適切に行うこと。

⑤　家畜排せつ物の年間の発生量、処理の方法及び処理の方法別の数量について記録すること。

　なお、家畜のふん尿処理関連で特に問題となる可能性があるのは処理に伴う排水であり、水質汚濁防止法が適用される（基準適用は一定量以上の排水）。

35　行政処分指針

　行政処分には、改善命令、措置命令、事業の停止、許可の取消しがある。

　廃棄物処理法は、何度もの改正により、大幅な規制強化の措置が講じられ、廃棄物の不適正処理を防止するために迅速かつ的確な行政処分を実施することが可能となった。

　しかし、一部の自治体においては、自社処理と称する無許可業者や一部の悪質な許可業者による不適正処理に対し、行政指導をいたずらに繰り返すにとどまっている事案や、不適正処理を行った許可業者について原状回復措置を講じたことを理由に引き続き営業を行うことを許容するという運用が依然として見受けられた。このように悪質な業者が営業を継続することを許し、断固たる姿勢により法的効果を伴う行政処分を講じなかったことが、一連の大規模不法投棄事案を発生させ、廃棄物処理及び廃棄物行政に対する国民の不信を招いた大きな原因ともなった。このような違反行為が継続し、生活環境の保全上の支障を生ずる事態を招くことを未然に防止し、廃棄物の適正処理を確保するとともに、廃棄物処理に対する国民の不信感を払拭するため、「行政処分の指針」が通知された（令和3年4月14日付け環循規発第2104141号）。

(1)　行政指導との関係

　行政指導は、相手方の任意の協力が前提であり、相手方がこれに従わないことをもって法的効果を生ずることはなく、行政処分の要件ではない。

(2)　刑事処分との関係

　また、違反行為が客観的に明らかであるにもかかわらず、公訴が提起されていることを理由に行政処分を留保する事例が見受けられるが、むしろ、行政庁として違反行為の事実を把握することに最大限勤め、それを把握した場合に

は、いたずらに刑事処分を待つことなく、速やかに行政処分を行うことが必要
である。

　同様に、刑事処分において起訴猶予を理由とする不起訴の処分が行われた場
合であっても、これは犯罪の軽重及び情状、犯罪後の状況などを総合的に判断
して検察官が訴追を行わないとする処分を行ったものであって、違反行為の事
実は客観的に明らかであることから、将来にわたる生活環境の保全上の支障の
発生又はその拡大の防止を図ることを目的とする法の趣旨に照らし、厳正な行
政処分を行うべきである。

(3)　事実認定

　行政処分を行うためには、違反行為の事実を行政庁として客観的に認定すれ
ば足りるものであって、違反行為の認定に直接必要とされない行為者の主観的
意思などの詳細な事実関係が不明であることを理由に行政処分を留保すべきで
はない。また、犯罪に対する刑罰の適用については公訴時効が存在するが、行
政処分を課すに当たってはこれを考慮する必要はない。

改善命令・措置命令・支障の除去

(1)　改善命令

　次の各号に掲げる場合において、当該各号に定める者は、当該一般廃棄物又は産業廃棄物の適正な処理の実施を確保するため、当該保管、収集、運搬又は処分を行った者（事業者、一般廃棄物収集運搬業者、一般廃棄物処分業者、産業廃棄物収集運搬業者、産業廃棄物処分業者、特別管理産業廃棄物収集運搬業者、特別管理産業廃棄物処分業者及び無害化処理認定業者（以下この条において「事業者等」という。）並びに国外廃棄物を輸入した者（事業者等を除く。）に限る。）に対し、期限を定めて、当該廃棄物の保管、収集、運搬又は処分の方法の変更その他必要な措置を講ずべきことを命ずることができる。

(1)　一般廃棄物処理基準（特別管理一般廃棄物にあっては、特別管理一般廃棄物処理基準）が適用される者により、当該基準に適合しない一般廃棄物の収集、運搬又は処分が行われた場合　市町村長

(2)　産業廃棄物処理基準又は産業廃棄物保管基準（特別管理産業廃棄物にあっては、特別管理産業廃棄物処理基準又は特別管理産業廃棄物保管基準）が適用される者により、当該基準に適合しない産業廃棄物の保管、収集、運搬又は処分が行われた場合　都道府県知事

(3)　無害化処理認定業者により、一般廃棄物処理基準（特別管理一般廃棄物にあっては、特別管理一般廃棄物処理基準）又は産業廃棄物処理基準（特別管理産業廃棄物にあっては、特別管理産業廃棄物処理基準）に適合しない一般廃棄物又は産業廃棄物の当該認定に係る収集、運搬又は処分が行われた場合　環境大臣　　　　　　〔法第19条の３〕

　改善命令は、保管基準に適合しない保管又は処理基準に適合しない一般廃棄物若しくは産業廃棄物の収集、運搬、処分が行われた場合に、再び違法な保

管、収集、運搬、処分が行われないようにするため、基準に適合するように保管、収集、運搬、処分の方法の変更その他の措置を講ずるように命ずるものである。

　この命令は、公衆衛生の向上や生活環境の保全を目的として、将来に向け再びその違法な処理状況が継続しないようにするためのものである。したがって、現に生活環境の保全上の支障が発生し、又はそのおそれがある場合には、措置命令によって対応すべきものである。

(2)　措置命令　1

　産業廃棄物処理基準又は産業廃棄物保管基準（特別管理産業廃棄物にあっては、特別管理産業廃棄物処理基準又は特別管理産業廃棄物保管基準）に適合しない産業廃棄物の保管、収集、運搬又は処分が行われた場合において、生活環境の保全上支障が生じ、又は生ずるおそれがあると認められるときは、都道府県知事（第19条の3第3号に掲げる場合及び当該保管、収集、運搬又は処分を行った者が当該産業廃棄物を輸入した者（その者の委託により収集、運搬又は処分を行った者を含む。）である場合にあっては、環境大臣又は都道府県知事。次条及び第19条の8において同じ。）は、必要な限度において、次に掲げる者（次条及び第19条の8において「処分者等」という。）に対し、期限を定めて、その支障の除去等の措置を講ずべきことを命ずることができる。
　(1)　当該保管、収集、運搬又は処分を行った者（第11条第2項又は第3項の規定によりその事務として当該保管、収集、運搬又は処分を行った市町村又は都道府県を除く。）
　(2)　第12条第5項若しくは第6項、第12条の2第5項若しくは第6項、第14条第16項又は第14条の4第16項の規定に違反する委託により当該収集、運搬又は処分が行われたときは、当該委託をした者

(3)　当該産業廃棄物に係る産業廃棄物の発生から当該処分に至るまでの一連の処理の行程における管理票に係る義務（電子情報処理組織を使用する場合にあっては、その使用に係る義務を含む。）について、次のいずれかに該当する者があるときは、その者
　　イ～ル　略
(4)　前3号に掲げる者が第21条の3第2項に規定する下請負人である場合における同条第1項に規定する元請業者（略）
(5)　当該保管、収集、運搬若しくは処分を行った者若しくは前3号に掲げる者に対して当該保管、収集、運搬若しくは処分若しくは前3号に規定する規定に違反する行為（以下「当該処分等」という。）をすることを要求し、依頼し、若しくは唆し、又はこれらの者が当該処分等をすることを助けた者があるときは、その者　　　　　　〔法第19条の5第1項〕

　措置命令は、処理基準又は保管基準に適合しない産業廃棄物の処理が行われた場合において、生活環境の保全上の支障を生じ、又は生ずるおそれがあるときは、必要な限度においてその支障の除去又は発生の防止のために処分者等に必要な措置を講ずるように命ずることができる規定である。
　措置命令の対象となる者は、不適正処理等の違反を、①直接行う者、②違法な委託をした委託者、③マニフェストに関する義務に違反した者、④これらの行為を積極的、組織的に要求、依頼、示唆、幇助する関与者である。
　違反行為に関与した者を措置命令の対象とし、不法投棄と知りつつ低い料金で処理を委託する者や不法投棄をさせるための土地を提供した者、周旋、斡旋、仲介、代理等を行った者等を幅広く該当する者としている。

処分者等	産業廃棄物処理基準、産業廃棄物保管基準（特管含む。）不適合で生活環境保全上支障等

◆保管、収集、運搬又は処分を行った者

◆無許可委託、委託基準違反、再委託違反に関わる委託をした者

◆産業廃棄物管理票の不交付・不記載・虚偽記載・不回付、写し不送付・不保存、虚偽の交付・送付、違反に対して不措置、電子情報処理組織虚偽登録等の実施者

◆下請負人の不適正処理で、適正委託しなかった元請業者

◆上記の者に違反行為を要求、依頼、示唆、幇助した者

都道府県知事　⇒　処分者等

措置命令

支障の除去又は発生の防止のために必要な措置
（支障の除去等の措置）

⑶　措置命令　2（排出事業者に対するもの）

　前条第1項に規定する場合において、生活環境の保全上支障が生じ、又は生ずるおそれがあり、かつ、次の各号のいずれにも該当すると認められるときは、都道府県知事は、その事業活動に伴い当該産業廃棄物を生じた事業者（当該産業廃棄物が中間処理産業廃棄物である場合にあっては当該産業廃棄物に係る産業廃棄物の発生から当該処分に至るまでの一連の処理の行程における事業者及び中間処理業者とし、当該収集、運搬又は処分が第15条の4の3第1項の認定を受けた者の委託に係る収集、運搬又は処分である場合にあっては当該産業廃棄物に係る事業者及び当該認定を受けた者とし、処分者等を除く。以下「排出事業者等」という。）に対し、期限を定めて、支障の除去等の措置を講ずべきことを命ずることができる。この場合において、当該支障の除去等の措置は、当該産業廃棄物の性状、数量、収集、運搬又は処分の方法その他の事情からみて相当な範囲内のものでなければならない。

　⑴　処分者等の資力その他の事情からみて、処分者等のみによっては、支障の除去等の措置を講ずることが困難であり、又は講じても十分でない

> とき。
> (2)　排出事業者等が当該産業廃棄物の処理に関し適正な対価を負担していないとき、当該収集、運搬又は処分が行われることを知り、又は知ることができたときその他第12条第7項、第12条の2第7項及び第15条の4の3第3項において準用する第9条の9第9項の規定の趣旨に照らし排出事業者等に支障の除去等の措置を採らせることが適当であるとき。
>
> 〔法第19条の6第1項〕

　産業廃棄物の既に行われた違法な処分に起因する環境汚染を防止・取り除くために必要な措置を、排出事業者等に命じる規定である。

　措置命令の対象となる者は、不適正処理等の違反を、①直接行う者、②違法な委託をした委託者、③マニフェストに関する義務に違反した者、④これらの行為を積極的、組織的に要求、依頼、教唆、幇助する関与者である。

　排出事業者は、その事業活動に伴って生じた廃棄物を自ら適正に処理するものとする「排出事業者の処理責任」を負っており（法第3条第1項及び第11条第1項）、その処理を許可業者等に委託したとしても、その責任は免じられるものではなく、これを踏まえ、排出事業者が産業廃棄物の発生から最終処分に至るまでの一連の処理の行程における処理が適正に行われるために必要な措置を講ずるとの注意義務に違反した場合には、委託基準や管理票に係る義務等に何ら違反しない場合であっても、一定の要件の下に排出事業者を措置命令の対象とすることとしたものである。

　あらかじめ定められた行為を採っていれば免責されるという仕組みではないため、例えば、具体的事案において排出事業者が当該処分を未然に防止するために積極的に必要な注意又は監督を尽くしたという事情は、注意義務違反の有無の判断において斟酌されるにすぎない。なお、排出事業者が単に法令や法令に基づく基準を遵守しているだけでは、注意義務を果たしていると認められるものではない。

　措置命令の発動は、①処分者等のみでは支障の除去等の措置を講ずることが困難な状況で、初めて補完的に行われるものである。かつ、②排出事業者責任

の原則の下で最終処分までの適正を確保すべき注意義務に違反したことに基づくものである。注意義務の違反事例として、処理の適正な対価を負担していないとき、不適正処分が行われることを知り、又は知り得たときを想定するとともに、排出事業者等に支障の除去等の措置を採らせることが適当であると確認的に規定している。

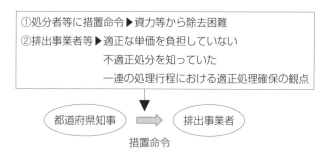

(4) 生活環境の保全上の支障の除去等の措置

第19条の5第1項に規定する場合において、生活環境の保全上支障が生じ、又は生ずるおそれがあり、かつ、次の各号のいずれかに該当すると認められるときは、都道府県知事は、自らその支障の除去等の措置の全部又は一部を講ずることができる。この場合において、第2号に該当すると認められるときは、相当の期限を定めて、当該支障の除去等の措置を講ずべき旨及びその期限までに当該支障の除去等の措置を講じないときは、自ら当該支障の除去等の措置を講じ、当該措置に要した費用を徴収する旨を、あらかじめ、公告しなければならない。

(1) 第19条の5第1項の規定により支障の除去等の措置を講ずべきことを命ぜられた処分者等が、当該命令に係る期限までにその命令に係る措置を講じないとき、講じても十分でないとき、又は講ずる見込みがないとき。

(2) 第19条の5第1項の規定により支障の除去等の措置を講ずべきことを命じようとする場合において、過失がなくて当該支障の除去等の措置を命ずべき処分者等を確知することができないとき。

　(3)　第19条の6第1項の規定により支障の除去等の措置を講ずべきこと
　　　を命ぜられた排出事業者等が、当該命令に係る期限までにその命令に係
　　　る措置を講じないとき、講じても十分でないとき、又は講ずる見込みが
　　　ないとき。
　(4)　緊急に支障の除去等の措置を講ずる必要がある場合において、第19
　　　条の5第1項又は第19条の6第1項の規定により支障の除去等の措置
　　　を講ずべきことを命ずるいとまがないとき。　　〔法第19条の8第1項〕

　都道府県知事が生活環境保全上の支障を除去するため、簡易かつ迅速的な手
続きで、行政代執行の特例手続きを定めたものである。

　都道府県知事が、処分者等、排出事業者等に代わって代執行を行ったとき
は、それに要した費用を処分業者、排出事業者等に負担させることを求めてい
る。

```
┌──────────┐  実施        ┌─────────────────────────┐
│ 都道府県知事 │ ⇒         │ 生活環境上の支障の除去等の措置 │
└──────────┘             └─────────────────────────┘
                  ▲
┌───────────────────────────────────────────┐
│ ①　処分者等▶命令期限までに未実施・不十分・実施見込なし      │
│ ②　過失がなく処分者等の確知ができない                │
│ ③　排出事業者▶命令期限までに未実施・不十分・実施見込なし    │
│ ④　緊急に支障の除去が必要で措置命令のいとまがない        │
└───────────────────────────────────────────┘
```

(5)　事業の廃止等について措置命令の規定の適用

　許可の更新を受けなかった者、事業を廃止した者、許可を取り消された者
等が、一般廃棄物処理基準（特別管理一般廃棄物にあっては特別管理一般廃
棄物処理基準）、産業廃棄物処理基準（特別管理産業廃棄物にあっては特別
管理産業廃棄物処理基準）に適合しない一般廃棄物、産業廃棄物の保管を行
っていると認められるときは、措置命令の規定が適用される。
　　　　　　　　　　　　　　　　　　　　　　　　　　　〔法第19条の10〕

　許可を取り消された廃棄物処理業者又は事業を廃止した廃棄物処理業者等に

対して、市町村長、都道府県知事は、処理基準に従って保管する等必要な措置を命じることができる。

罰則

法第25条から第34条には、各条項に違反した場合の罰則が定められている。

法人の従業員等がその法人の業務に関し違反行為をした場合は、行為者を罰するほか、両罰規定としてその法人にも罰則を科することとなっている。特に、不法投棄、不法焼却、無許可営業については、悪質性を有しており、莫大な不法利益を有するので、法人に対して３億円以下の罰金が科される。

		罰則の内容	罰則の根拠条文（○は項）
第25条		５年以下の懲役若しくは1000万円以下の罰金、又は併科	
	①	処理業無許可営業	７条①⑥、14条①⑥、14条の4①⑥
	②	不正な手段による処理業許可取得	７条①⑥、14条①⑥、14条の4①⑥、７条②⑦、14条②⑦、14条の4②⑦
	③	事業範囲の無許可変更	７条の２①、14条の２①、14条の5①
	④	不正な手段による処理業の事業範囲の変更許可取得	７条の２①、14条の２①、14条の5①
	⑤	事業停止命令等違反、措置命令違反	７条の３、14条の３、14条の６、19条の４①、19条の4の2①、19条の5①、17条の2③、19条の6①
	⑥	無許可業者への委託	６条の２⑥、12条⑤、12条の2⑤
	⑦	名義貸しの違反	７条の５、14条の3の3、14条の7
	⑧	処理施設の無許可設置	８条①、15条①
	⑨	不正な手段による処理施設設置許可取得	８条①、15条①

⑩　処理施設の無許可変更	9条①、15条の2の6①
⑪　不正な手段による処理施設変更許可取得	9条①、15条の2の6①
⑫　環境大臣の確認を受けずに輸出（未遂含む。）	10条①、15条の4の7①
⑬　許可を受けた者以外の者が処理を受託禁止違反	14条⑮、14条の4⑮
⑭　廃棄物の投棄禁止違反（未遂含む。）	16条
⑮　焼却の禁止違反（未遂含む。）	16条の2
⑯　指定有害廃棄物の処理基準に従わず保管等の禁止違反	16条の3

法26条　　3年以下の懲役若しくは300万円以下の罰金、又は併科

①　委託基準違反、再委託基準違反	6条の2⑦、7条⑭、12条⑥、12条の2⑥、14条⑯、14条の4⑯
②　処理施設の使用停止命令違反、改善命令違反	9条の2、15条の2の7
事業者、処理業者が改善命令に違反	19条の3、17条の2③
処分者等に対する措置命令違反	19条の10①②
③　処理施設の無許可譲受け、借受け	9条の5①、15条の4
④　無許可輸入違反	15条の4の5①
⑤　輸入時の生活環境保全上の条件違反	15条の4の5④
⑥　廃棄物の投棄、焼却禁止違反目的で収集運搬	16条、16条の2

法27条　　2年以下の懲役若しくは200万円以下の罰金、又は併科

環境大臣の確認を受けずに輸出目的でその予備をした罪	25条①

法27条の2　　1年以下の懲役又は100万円以下の罰金

①　管理票の不交付、不記載、虚偽記載で交付	12条の3①、15条の4の7②
②④　管理票写し不送付、不記載、虚偽記載で送付	12条の3③④⑤、12条の5⑥

③　管理票不回付	12条の3③
⑤　管理票又は写しの保存義務違反	12条の3②⑥⑨⑩
⑥　虚偽の管理票交付（未受託）	12条の4①
⑦　管理票なしに産業廃棄物の引渡を受けた	12条の4②
⑧　運搬、処分が終了していないのに管理票を送付	12条の4③④
⑨　情報処理センターへ虚偽の登録	12条の5①②、15条の4の7②
⑩　情報処理センターへ未報告、虚偽の報告	12条の5③④
⑪　管理票未遵守による勧告、措置命令に違反	12条の6③

法28条　　　　1年以下の懲役又は50万円以下の罰金	
①　情報処理センター役員、職員等の守秘義務違反	13条の7
②　土地の形質変更計画変更命令、措置命令違反	15条の19④、19条の11①

法29条　　　　6月以下の懲役又は50万円以下の罰金	
①　処理業、処理施設に係る欠格要件該当の無届出、虚偽の届出、市町村から非常災害時に委託を受けた者の施設の無届出	7条の2④、14条の2③、14条の5③、9条⑥、15条の2の6③、9条の3の3①③、9条の3⑧
事業場外保管の無届、虚偽の届出違反	12条③、12条の2③
②　処理施設の使用開始前検査の受検義務違反	8条の2⑤、9条②、15条の2⑤、15条の2の6②
③　非常災害受託者の計画変更命令、改善命令、使用停止命令違反	9条の3の3③
④　処理困難通知義務違反、虚偽の通知	14条⑬、14条の2④、14条の3の2③、14条の6、14条の4⑬、14条の5④
⑤　処理困難通知を保存義務違反	14条⑭、14条の2⑤、14条の3の2④、14条の6、14条の5⑤、14条の4⑭

	⑥　土地の形質変更未届出、虚偽の届出	15条の19①
	⑦　事故時の応急措置命令違反	21条の2②
法30条	30万円以下の罰金	
	①　帳簿不作成・不記載・虚偽の記載、不保存	7条⑮⑯、12条⑬、12条の2⑭、14条⑰、14条の4⑱
	②　処理業の廃止届・変更届を提出せず、虚偽の届出	7条の2③、14条の2③、14条の5③
	処理施設の変更・廃止・休止・再開の届出せず、虚偽の届出	9条③、15条の2の6③
	最終処分場埋立終了届を提出せず、虚偽の届出	9条④、15条の2の6③
	処理施設相続届を提出せず、虚偽の届出	9条の7②、15条の4
	③　処理施設定期検査拒否、妨害、忌避	8条の2の2①、15条の2の2①
	④　処理施設の維持管理記録の不記載、虚偽記載、不備	8条の4、9条の10⑧、15条の2の4、15条の4の4③
	⑤　産廃処理責任者・特管産廃管理責任者未設置	12条⑧、12条の2⑧
	⑥　有害使用済機器保管・処分業の無届、虚偽届	17条の2①
	⑦　虚偽報告・無報告	18条①②、17条の2③
	⑧　立入検査拒否・妨害・忌避	19条①②、17条の2③
	⑨　技術管理者未設置	21条①
法33条	20万円以下の過料	
	①　非常災害応急措置の事業場外保管届を提出せず、虚偽の届出、土地の形質変更届を提出せず、虚偽の届出	12条④、12条の2④、15条の19②③
	②　多量産業廃棄物排出事業者の処理計画を提出せず、虚偽の記載	12条⑨、12条の2⑩
	③　多量産業廃棄物排出事業者の実施状況報告を提出せず、虚偽の報告	12条⑩、12条の2⑪

【法人等両罰規定（第32条）】

> 　従業員が行った犯罪であっても、実際に犯罪を行っていない従業員の使用者（法人又は個人）が犯罪を行った（従業員の監督責任を果たしていなかった）とみなされ、従業員と一緒に罰せられる可能性がある。

◆25条1項1号（無許可営業）、2号（不正な手段による処理業許可取得）、3号（事業範囲の無許可変更）、4号（不正な手段による処理事業範囲の変更許可取得）、12号（環境大臣の確認を受けず輸出）、14号（廃棄物の不法投棄）、15号（廃棄物の焼却）、12号・14号・15号の未遂	3億円以下の罰金
◆25条（その他）、26条、27条、27条の2、28条2号、29条、30条	各条の罰金

☑ チェック Q&A ⑦

質問8　措置命令

　法第19条の6第1項第2号で、支障の除去等の措置において、排出事業者等が当該産業廃棄物の処理に関し、適正な対価を負担していないとき、排出事業者等に支障の除去等の措置を採らせることができるが、「適正な対価」とはどういう場合か。

◀◀◀ 回答 ▶▶▶

　　適正な対価を負担していない場合とは、一般的に行われている方法で処理するために必要とされる処理料金からみて著しく低廉な料金で委託する場合をいう。

◀◀◀ 解説 ▶▶▶

1　適正な対価を負担していない場合には、処理業者が適正な処理をできないため、不法投棄や不適正処理が行われる可能性が高くなるので、処理状況について、十分な注意が必要である。

2　地域における産業廃棄物の一般的な処理料金の半値程度又はそれを下回るような料金で処理委託を行っている排出事業者については、当該料金に合理性があることを示すことができない場合、適正な対価を負担していないことになる。

3　適正な料金については、廃棄物の種類や量、処理方法、地域等によって異なるが、食品リサイクル法の登録再生利用事業者は料金を公示していること、優良産業廃棄物処理業者は料金の提示方法を公表していることが参考になる。

(参考文献：英保次郎著『九訂版　廃棄物処理法Q&A』東京法令出版)

第 8 章

循環資源

循環型社会の形成

　大量生産、大量廃棄型の社会の在り方や国民のライフスタイルを見直し、社会における物質循環を確保することにより、天然資源の消費が抑制され、環境への負荷の低減が図られた「循環型社会」を形成するため、「循環型社会形成推進基本法」（循環型社会基本法）が平成13年1月に施行された。

　同法では、対象物を有価・無価を問わず「廃棄物等」として一体的にとらえ、製品等が廃棄物等となることの抑制を図るべきこと、発生した廃棄物等についてはその有用性に着目して「循環資源」としてとらえ直し、その適正な循環的利用（再使用、再生利用、熱回収）を図るべきこと、循環的な利用が行われないものは適正に処分することを規定し、これにより「天然資源の消費を抑制し、環境への負荷ができる限り低減される社会」である「循環型社会」を実現することとしている。循環型社会基本法では、施策の基本理念として、排出者責任と拡大生産者責任という2つの考え方を定めている。

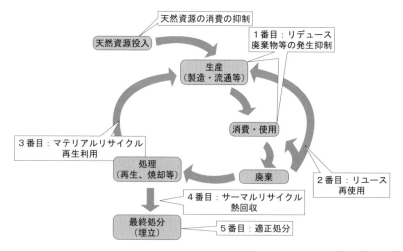

（出典：環境省資料をもとに作成）

　「循環型社会」は、①廃棄物等の発生抑制、②循環資源の循環的な利用、及び③適正な処分が確保されることによって、天然資源の消費を抑制し、環境への負荷ができる限り低減される社会である。

【循環型社会形成の推進のための施策体系】

環境基本法　H6.8完全施行

環境基本計画　H29.4全面改正公表

循環型社会形成推進基本法（基本的枠組法）H13.1完全施行

社会の物質循環の確保
天然資源の消費の抑制
環境負荷の低減

循環型社会形成推進基本計画（国の他の計画の基本）　H15.3公表
H30.6全面改正

廃棄物の適正処理

再生利用の推進

廃棄物処理法　H29.6一部改正

①廃棄物の発生抑制
②廃棄物の適正処理（リサイクルを含む）
③廃棄物処理施設の設置規制
④廃棄物処理業者に対する規制
⑤廃棄物処理基準の設定　　等

資源有効利用促進法　H13.4全面改正施行

①再生資源のリサイクル
②リサイクル容易な構造・材質等の工夫
③分別回収のための表示
④副産物の有効利用の促進

リサイクル（1R）
↓
リデュース・リユース・リサイクル（3R）

プラスチック資源循環促進法　R3.6公布　　素材に着目した包括的な法制度

多種多様な個別物品の特性に応じた規制

容器包装
リサイクル法

びん、ペットボトル、
紙製・プラスチック製
容器包装等

H12.4　完全施行
H18.6　一部改正

家電
リサイクル法

エアコン、冷蔵庫・冷
凍庫、テレビ、洗濯
機・衣類乾燥機

H13.4　完全施行

食品
リサイクル法

食品残さ

H13.5　完全施行
H19.6　一部改正

建設
リサイクル法

木材、コンクリート、
アスファルト

H14.5　完全施行

自動車
リサイクル法

自動車

H17.1　本格施行

小型家電
リサイクル法

小型電子機器等

H25.4　施行

グリーン購入法（国が率先して再生品などの調達を推進）H13.4完全施行

39 リサイクル法

(1) 資源有効利用促進法 (資源の有効な利用の促進に関する法律)

　循環型社会基本法と同様に、リサイクル以前に発生抑制、再使用促進を優先すべきとする考え方を明確に打ち出し、事業者の講ずべき対策を具体的に示すとともに、業種や製品の指定が大幅に増やされ規制が強化されている。

(1) 特定省資源業種 (工場で副産物の発生抑制・リサイクルを求める業種)
　　①パルプ製造業及び紙製造業、②無機化学工業製品製造業及び有機化学工業製品製造業、③製鉄業及び製鋼・製鋼圧延業、④銅第一次製錬・精製業、⑤自動車製造業

(2) 特定再利用業種 (再生資源・再生部品の利用を求める業種)
　　①紙製造業、②ガラス容器製造業、③建設業、④硬質塩化ビニール製の管・管継手の製造業、⑤複写機製造業

(3) 指定省資源化製品 (使用済製品の発生を抑制する設計・製造を求める製品)
　　自動車、家電製品 (テレビ、エアコン、冷蔵庫、洗濯機、電子レンジ、衣類乾燥機、パソコン)、パチンコ遊技機 (回胴式遊技機を含む)、金属製家具 (収納家具、棚、事務用机、回転いす)、ガス・石油機器 (石油ストーブ、ガスグリル付こんろ等)

(4) 指定再利用促進製品 (リユース・リサイクルに配慮した設計・製造を求める製品)
　　自動車、家電製品 (テレビ、エアコン、冷蔵庫、洗濯機、掃除機、電子レンジ、衣類乾燥機)、ニカド電池使用機器 (電動工具、コードレスホンなど15品目)、パチンコ遊技機 (回胴式遊技機を含む)、複写機、金属製家具 (収納家具、棚、事務用机、回転いす)、ガス・石油機器 (石油ストーブ、ガスグリル付こんろ等)、浴室ユニット、システムキッチン、小形二次電池使用機器 (電源装置、誘導灯、火災警報設備等)

(5) 指定表示製品 (分別回収のための表示を求める製品)
　　塩化ビニール製建設資材 (硬質塩化ビニール製の管・雨どい・窓枠、塩化ビニール製の床材・壁紙)、スチール製又はアルミニウム製の缶、ペットボトル、紙製

　容器包装、プラスチック製容器包装、密閉形鉛蓄電池、密閉形アルカリ蓄電池、リチウム蓄電池

(6)　指定再資源化製品（使用済製品の自主回収・再資源化を求める製品）

　①パソコン、②密閉形鉛蓄電池、密閉形アルカリ蓄電池、リチウム蓄電池

(7)　指定副産物

　鉄鋼スラグ、発電石炭灰、建設廃材・土砂

(2)　容器包装リサイクル法（容器包装に係る分別収集及び再商品化の促進等に関する法律）

　容器包装リサイクルの制度は、市町村の最終処分場確保の困難性から、最終処分量を減らすため、処理・処分のごみの減量を目的としつつ、資源の効率的利用を目指して整備されている。

①　仕組み

　消費者が分別排出した「容器包装廃棄物」を市町村が分別収集し、その分別収集された「容器包装廃棄物」を「容器包装」を利用又は製造等している事業者（特定事業者）が再商品化（リサイクル）するというシステムである。

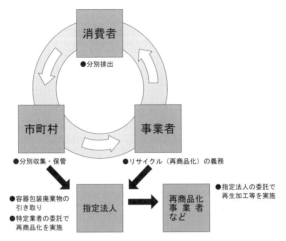

（出典：（公財）日本容器包装リサイクル協会資料をもとに作成）

②　容器包装リサイクルの対象となる容器包装

　再商品化義務を生じる対象は、ガラス製容器、PETボトル、紙製容器包装、プラスチック製容器包装及び発泡スチロールトレイである。分別収集としては、アルミ缶、スチール缶、紙パック及びダンボールも容器包装リサイクル法の対象物質であるが、市町村が分別収集した段階で有価物となるため、リサイクル義務の対象とはなっていない。

再商品化義務のあるもの	再商品化義務のないもの
ガラス製容器	スチール缶
PETボトル	アルミ缶
紙製容器包装	紙パック
プラスチック製容器包装	ダンボール
発泡スチロールトレイ	

③　排出抑制促進措置の対象事業者（指定容器包装利用事業者）

　以下の小売業を営む事業者を指定容器包装利用事業者といい、これらの

　　事業者は、容器包装の使用の合理化により容器包装廃棄物の排出の抑制を促進するための取組が義務付けられています。

・各種商品小売業

・織物・衣服・身の回り品小売業

・飲食料品小売業

・自動車部分品・附属品小売業

・家具・じゅう器・機械器具小売業

・医薬品・化粧品小売業

・書籍・文房具小売業

・スポーツ用品・がん具・娯楽用品・楽器小売業

・たばこ・喫煙具専門小売業

④　指定容器包装利用事業者の義務

【目標の設定と容器包装の使用の合理化のための取組】

　　事業者における排出の抑制を促進するための措置として、レジ袋等の容器包装を多く用いる小売業者に対し、国が定める判断の基準に基づき、容器包装の使用合理化のための目標の設定、容器包装の有償化、マイバッグの配布等の排出の抑制の促進等の取組を求めることとした。

⑦　消費者に働きかける取組

・容器包装の有料化
　レジ袋を始め、消費者に提供される容器包装の有料化を実施
・マイバッグ等の利用の促進
　マイバッグやマイバスケットの持参を促進するため、マイバッグの販売やマイバスケットのレンタル等を実施
・ポイント制等の実施
　マイバッグを持参する消費者や、容器包装の使用を辞退する消費者に、買い物券や景品等の特典の提供、又はポイント制の実施
・声かけの励行

> 販売員から消費者に対して、容器包装を使用するかどうかの声かけの
> 励行

(イ)　**事業者自らの取組**
・薄肉化・軽量化された容器包装の使用 　販売時に付す容器包装について、従来より薄く、軽いものを採用・調達 ・適切な寸法の容器包装の使用 　大きめなサイズの容器包装を控え、商品の大きさや数量に見合うサイズの容器包装を使用 ・商品の量り売り 　生鮮食品等の販売で量り売りを行い、あらかじめ袋詰めすることを控える。 ・簡易包装化の推進 　二重包装を控える、商品を部分的に包装する等

⑤　**廃棄物処理法との関わり**

　　指定法人、認定特定事業者及びこれらに関連する委託業者は、業の許可が不要となっている。取り扱うものが一般廃棄物であるので、産業廃棄物は適用なし。

　　また、市町村の一般廃棄物処理計画との整合性が必要となる。

(3)　家電リサイクル法
　　（特定家庭用機器再商品化法）

①　**仕組み**

　　この法律では、①家庭用エアコン、②テレビ（ブラウン管式・液晶式（電源として一次電池又は蓄電池を使用しないものに限り、建築物に組み込むことができるように設計したものを除く。）・プラズマ式）、③電気冷蔵庫・電気冷凍庫、④電気洗濯機・衣類乾燥機　の家電４品目について、小売業者による引取り及び製造業者等（製造業者、輸入業者）による再商品化等（リサイクル）が義務付けられ、消費者（排出者）には、家電４品

目を廃棄する際、収集運搬料金とリサイクル料金を支払うことなどをそれぞれの役割分担として定められている。また、製造業者等は引き取った廃家電製品の再商品化等（リサイクル）を行う場合、定められているリサイクル率（55〜82%）を達成しなければならない。また、フロン類を使用している家庭用エアコン、電気冷蔵庫・電気冷凍庫、電気洗濯機・衣類乾燥機（ヒートポンプ式のもの）については、含まれるフロンを回収しなければならない。

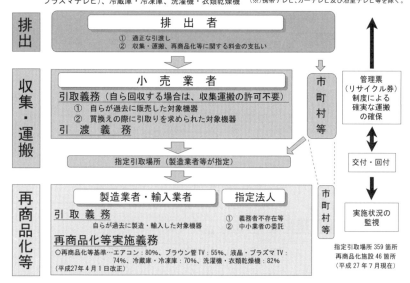

（出典：環境省資料をもとに作成）

②　廃棄物処理法との関わり

　　家電リサイクル法の仕組みに基づき再資源化を実施する小売業者、再商品化指定業者、製造業者等は、業の許可が不要となっている。小売業者か

ら委託を受けた者が行う収集運搬については、一般廃棄物収集・運搬業又は産業廃棄物収集・運搬業の許可を受けた者であれば、特定家庭用機器廃棄物（一般廃棄物・産業廃棄物いずれも）を収集・運搬することができる。

ただし、小売業者は、廃家電を引き渡すときに管理票（マニフェスト）を交付することが義務付けられている。

⑷　建設リサイクル法
（建設工事に係る資材の再資源化等に関する法律）

①　法の概要

特定の建設資材（コンクリート、アスファルト、木材など）について、その分別解体及び再資源化等を促進する措置を講ずるとともに、解体工事業者について登録制度を実施することなどにより、再生資源の十分な利用及び廃棄物の減量を図るものである。

②　対象となる建設工事

工事の種類	規模の基準
建築物の解体	延床面積　80㎡以上
建築物の新築・増築	延床面積　500㎡以上
建築物の修繕・リフォーム等	請負代金　1億円以上
その他土木工事等	請負代金　500万円以上

③　対象となる建設資材廃棄物

・コンクリート
・コンクリート及び鉄からなる建設資材
・木材
・アスファルト・コンクリート

④　建設リサイクル法の仕組み

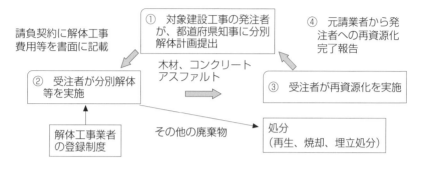

⑤　建設副産物と再生資源、廃棄物との関係

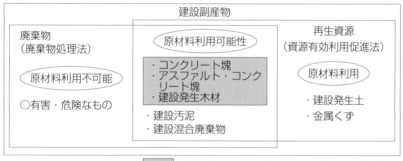

（出典：建設副産物リサイクル広報推進会議資料をもとに作成）

(5)　食品リサイクル法
（食品循環資源の再生利用等の促進に関する法律）

①　法律の概要

　　食品の売れ残りや食べ残し、食品の製造過程で大量発生する食品廃棄物等を発生の抑制、減量化（最終処分量の減少）するとともに、飼料・肥料等の原材料として再生利用することにより、食品関連業者による食品資源の再生利用等を促進するものである。

② **対象となる食品廃棄物等**

(ア)　食品の流通過程や消費段階で生じる食品の売れ残しや食べ残し

(イ)　製造、加工、調理の過程において生じる動植物性残さ

③ **基本方針**

(ア)　食品循環資源の再生利用の促進

- 「基本理念」において食品ロスを明記し、食品関連事業者及び消費者の食品ロス削減に係る役割を記載
- 食品廃棄物の適正処理の推進のため、食品関連事業者の排出事業者責任の徹底、国による継続的な周知徹底の必要性を明記

(イ)　食品循環資源の再生利用等の実施目標

- 発生抑制に係る目標を別途告示で設定

【新たな発生抑制目標値の告示】

✓2014年に設定した発生抑制目標値については、9割の事業者が既に目標値を達成。発生抑制をより進める観点から、既に設定されている31業種については、19業種で見直しを行うとともに、2014年時点では設定されていなかった44業種のうち3業種で新規に設定（2023年度までの目標）

業　種	基準発生原単位	業　種	基準発生原単位	業　種	基準発生原単位
肉加工品製造業	113kg／百万円	食用油脂加工業	44.7kg／t	食堂・レストラン（麺類を中心とするものに限る。）	175kg／百万円→170kg／百万円
牛乳・乳製品製造業	108kg／百万円	麺類製造業	270kg／百万円→192kg／百万円	食堂・レストラン（麺類を中心とするものを除く。）	152kg／百万円→114kg／百万円
その他の畜産食料品製造業	501kg／t	豆腐・油揚製造業	2,560kg／百万円→2,005kg／百万円	居酒屋等	152kg／百万円→114kg／百万円
水産缶詰・瓶詰製造業	480kg／百万円	冷凍調理食品製造業	363kg／百万円→317kg／百万円	喫茶店	108kg／百万円→83.3kg／百万円
水産練製品製造業	227kg／百万円	そう菜製造業	403kg／百万円→211kg／百万円	ファーストフード店	108kg／百万円→83.3kg／百万円
野菜漬物製造業	668kg／百万円	すし・弁当・調理パン製造業	224kg／百万円→177kg／百万円	その他の飲食店	108kg／百万円→83.3kg／百万円
味そ製造業	191kg／百万円→126kg／百万円	清涼飲料製造業（コーヒー、果汁など残さが出るものに限る。）	429kg／t 421kg／kl	持ち帰り・配達飲食サービス業（給食事業を除く。）	184kg／百万円→154kg／百万円
しょうゆ製造業	895kg／百万円	食料・飲料卸売業（飲料を中心とするものに限る。）	14.8kg／百万円	給食事業	332kg／百万円（～2019年度）→278kg／百万円（2020年度～）
ソース製造業	59.8kg／t→29.7kg／t	各種食料品小売業	65.6kg／百万円→44.9kg／百万円	結婚式場業	0.826kg／人
食酢製造業	252kg／百万円	食肉小売業（卵・鳥肉を除く）	40.0kg／百万円	旅館業	0.777kg／人→0.570kg／人
パン製造業	194kg／百万円→166kg／百万円	菓子・パン小売業	106kg／百万円→76.1kg／百万円		
菓子製造業	249kg／百万円	コンビニエンスストア	44.1kg／百万円		

75業種のうち、目標値を設定しない41業種についての考え方
・17業種：密接な関係をもつ値（売上等）との相関がとれなかった。
・24業種：食品廃棄物等のほとんどが、製造に伴い必然的に発生する不可避部であり、産業活動への抑制に直接的なむすびつく恐れがあることから、業種としては発生抑制目標値の設定になじまないとした。
自主的な努力により、発生抑制に努めるとともに、再生利用のさらなる推進に努めることとする。

　■■■ ‥新たに目標設定した業種　　　□□□ ‥目標値を引き上げた業種

期間について記載のない業種の期間については、2019～2023年度

（出典：農林水産省資料をもとに作成）

- 　食品ロスについては、SDGsも踏まえ、2030年度を目標年次として、サプライチェーン全体で2000年度の半減とする目標を新たに設定
- 　再生利用等実施率目標を設定（2024年度までに達成）
　　食品製造業95％、食品卸売業75％、食品小売業60％、外食産業50％

㈡　食品循環資源の再生利用促進措置

【食品関連事業者への指導等】

- ・ 国による食品関連事業者への積極的な指導・助言、市町村による多量排出事業者への減量化指導の徹底
- ・ 食品関連事業者の意識の向上とその取組の促進を図るため、定期報告データの公表内容の拡充によって食品関連事業者の意識の向上と取組の促進を図るよう運用の見直し
- ・ 排出事業者責任に係る指導の徹底

【再生利用の環境整備】

- ・ 廃棄物系バイオマス利活用のための施設整備の促進及び広域的なリサイクルループの形成の促進
- ・ 市町村による事業系一般廃棄物処理に係る原価相当の料金徴収の推進

④　廃棄物処理法との関わり

　一般廃棄物収集運搬業者が再生利用事業計画に従って、一般廃棄物に該当する食品廃棄物を市町村の区域を越えて、肥料化等を行う事業者の事業場まで運搬する場合に、原則としては、排出される市町村と運搬先の市町村の双方の許可が必要であるが、特例として、①登録再生利用事業者のもとへ再生利用のための食品廃棄物を運搬する場合、②認定を受けた再生利用事業計画に基づいて食品廃棄物を運搬する場合、広域的な再生利用の推進の観点から運搬先市町村の許可を不要とする。

　また、フランチャイズチェーン事業者等が広域的に廃棄物を収集運搬し、リサイクル事業者・農業者と連携してリサイクルループを完結した場合も、同様に許可が不要となっている。

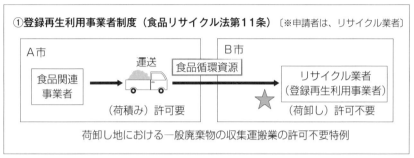

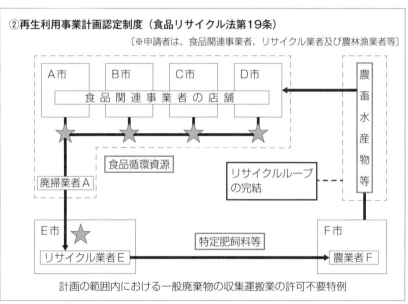

（出典：農林水産省資料をもとに作成）

(6)　自動車リサイクル法
（使用済自動車の再資源化等に関する法律）

①　仕組み

(ア)　車の所有者は、自動車購入時にリサイクル料金を支払い、廃車（使用済み自動車）を自治体に登録された引取業者（新車・中古車販売店、整

備事業者、解体業者等）に引き渡す。

(ｲ)　引取業者は、廃車をフロン類回収業者に引き渡す。

(ｳ)　フロン類回収業者は、廃車からフロン類を回収し、自動車メーカー・輸入業者に引き渡し、廃車を解体業者に引き渡す。

(ｴ)　解体業者は、エアバッグを回収して自動車メーカー・輸入業者に引き渡し、中古部品を取り除いた後、解体自動車を破砕業者に渡す。

(ｵ)　破砕業者は、解体自動車をシュレッダーマシンで破砕し、金属類とシュレッダーダストに分別し、シュレッダーダストを自動車メーカー・輸入業者に渡す。

(ｶ)　自動車メーカー・輸入業者は、引き取った3品目（フロン類、エアバッグ、シュレッダーダスト）を適正処理する。

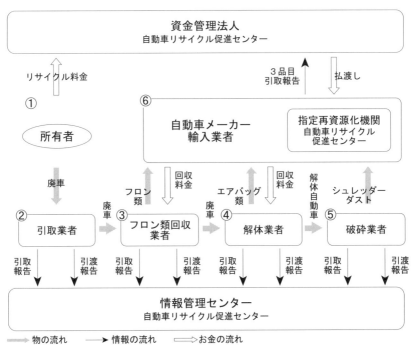

（出典：（公財）自動車リサイクル促進センター資料をもとに作成）

②　廃棄物処理法との関わり

　原則的には廃棄物処理法は適用されるが、自動車リサイクル法の仕組みの中において、引取業者、フロン回収業者、解体業者、破砕業者は、業として実施することができる。

(7)　小型家電リサイクル法
（使用済小型電子機器等の再資源化の促進に関する法律）

①　小型家電リサイクルの対象と市町村の回収

　この法律の対象となる「使用済小型電子機器等」とは、家電リサイクル法の対象を除いた一般消費者が通常生活の用に供する電子機器その他の電気機械器具（施行令では28分類計上）で、携帯電話端末、デジタルカメラ、パソコン、電子レンジ等が含まれている。

　市町村が主体となった回収制度で、地域に根付いた回収業者の有効利用を図るとともに、各市町村の特性に合わせて回収方法を選択することとされている。

　製造業者に生産者責任を要求していない制度である。

② 　小型家電リサイクルの流れ

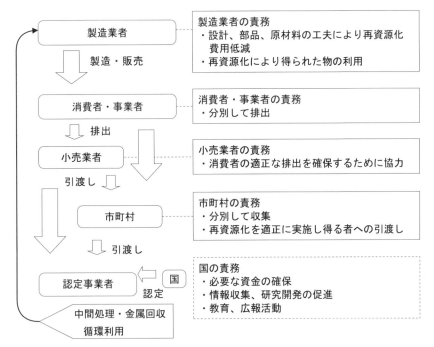

製造業者の責務
・設計、部品、原材料の工夫により再資源化
　費用低減
・再資源化により得られた物の利用

消費者・事業者の責務
・分別して排出

小売業者の責務
・消費者の適正な排出を確保するために協力

市町村の責務
・分別して収集
・再資源化を適正に実施し得る者への引渡し

国の責務
・必要な資金の確保
・情報収集、研究開発の促進
・教育、広報活動

（出典：環境省資料をもとに作成）

③ 　廃棄物処理法との関わり

　　認定事業者及びその委託を受けた者が、使用済小型電子機器等の再資源
化に必要な行為を行うときは、市町村等による廃棄物処理業の許可を不要
とする。

プラスチック資源循環促進法

　多様な物品に利用されているプラスチックという素材に着目し、プラスチック使用製品の設計からプラスチック使用製品廃棄物の処理に至るまでの各段階において、プラスチックのライフサイクルに関係するあらゆる主体におけるプラスチックの資源循環等の取組（3R＋Renewable）を促進するための措置を講ずるものである。

(1)　プラスチック使用製品設計指針

　主務大臣は、プラスチック使用製品製造事業者が務めるべき環境配慮設計に関する指針を策定する。

　プラスチック使用製品の設計に当たっては、製品に求められる安全性や機能性その他の用途に応じて求められる性能並びに①構造及び②材料に掲げる事項について、製品のライフサイクル全体を通じた環境負荷等の影響を総合的に評価し、製品分野ごとの設計指針に適合した設計を主務大臣が認定する仕組みを設ける。

〈環境配慮製品の例〉
・リデュース　⇒　付け替えボトル
・リサイクル　⇒　易解体性
・代替素材　⇒　100％リサイクル素材

　また、設計指針に則したプラスチック使用製品の設計のうち、特に優れた製品は国が認定し、認定製品を国が率先して調達する。

認定製品
・グリーン購入法の配慮
・再生材利用設備への支援

(2) 特定プラスチック使用製品の使用の合理化

　使い捨てプラスチック製品の削減のため、特定プラスチック使用製品として、12製品を対象に指定し、その特定プラスチック製品提供事業者は、使用合理化のため製品の工夫を行うことにより、プラスチック使用製品廃棄物の過剰な使用を抑制する。

対象品目	対象業種
①フォーク、②スプーン、③テーブルナイフ、④マドラー、⑤飲料用ストロー	コンビニ、スーパー、百貨店、ホテル、旅館、飲食店、フードデリバリー　等
⑥ヘアブラシ、⑦くし、⑧かみそり、⑨シャワーキャップ、⑩歯ブラシ	ホテル、旅館　等
⑪衣類用ハンガー、⑫衣類用カバー	スーパー、百貨店、クリーニング店　等

【特定プラスチック使用製品提供事業者の取組】

(1) 提供方法の工夫

・消費者に、その提供する特定プラスチック使用製品を有償で提供すること。

・消費者が商品を購入し、又は役務の提供を受ける際に、その提供する特定プラスチック使用製品を使用しないように誘引するための手段として、景品等を提供（ポイント還元等）すること。

・提供する特定プラスチック使用製品について、消費者の意思を確認すること。

・提供する特定プラスチック使用製品について、繰り返し使用を促すこと。

(2) 提供する特定プラスチック使用製品の工夫

・薄肉化又は軽量化その他の特定プラスチック使用製品の設計又はその部品若しくは原材料の種類（再生プラスチック、再生可能資源等）について、工夫された特定プラスチック使用製品を提供すること。

・商品又はサービスに応じて適切な寸法の特定プラスチック使用製品を提供

すること。
・繰り返し使用が可能な製品を提供すること。

特定プラスチック使用製品提供事業者のうち、前年度における特定プラスチック使用製品の提供量が5トン以上の事業者を特定プラスチック使用製品多量提供事業者と定め、取組が著しく不十分な場合には、勧告・公表・命令の対象となる。

(3)　市区町村による分別収集・再商品化

市町村の責務として、「市町村は、分別収集及び再商品化に必要な措置を講ずるよう努めなければならない」とされている。その措置には、市区町村が分別収集したプラスチック使用製品廃棄物について、①容器包装リサイクル法に規定する指定法人である公益財団法人日本容器包装リサイクル協会に委託し、再商品化を行う方法と、②市区町村が単独で又は共同して再商品化計画を策定し、国の認定を受けることで、認定再商品化計画に基づいて再商品化実施者と連携して再商品化を行う方法がある。

① 容器包装リサイクルに規定する指定法人に委託

市区町村　容器包装・製品をまとめて分別収集

プラスチック製容器包装 上記以外の プラスチック使用製品	分別収集物の基準 　　　【プラ新法第32条】 ・環境省令で定める基準

 分別収集物の
再商品化を委託

委託の基準
　　　【プラ新法第36条第2項】
・政令で定める基準

容器包装リサイクル法　指定法人

容器包装リサイクル法に基づき、特定事業者から委託を受けて、分別基準適合物の再商品化を行う者	廃棄物処理法の特例 【プラ新法第36条第1項、第4項】 ・一廃・産廃の業許可不要 ・処理基準等の適用 　　　【プラ新法第36条第4項】

再委託の基準
　　　【プラ新法第36条第3項】
・政令で定める基準

再商品化実施者

指定法人の委託を受けて、分別収集物の再商品化に必要な行為を実施する者	廃棄物処理法の特例 【プラ新法第36条第1項、第5項】 ・一廃・産廃の業許可不要 ・処理基準等の適用 　　　【プラ新法第36条第5項】

② 認定再商品化計画に基づくリサイクルを行う方法

　　これまで容器包装リサイクル法において、市区町村と再商品化事業者のそれぞれで行っていた選別の中間処理工程の一体化・合理化を可能とすることで、プロセス全体の負担軽減が期待される。市区町村が単独又は共同して再商品化

計画を作成し、これを主務大臣が認定した場合に、市町村による選別、圧縮を省略し、再商品化実施者に再商品化を委託することが可能となる。

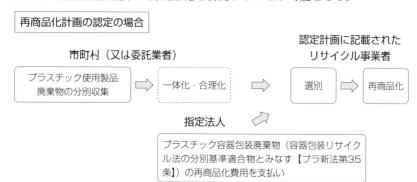

再商品化計画の認定の場合

(4)　製造・販売事業者等による自主回収・再資源化事業

　これまで、食品トレーやペットボトル等について、自主回収が進められてきたが、今後、自主回収の取組の多様化や規模の拡大を促進するため、製造・販売事業者が作成した自主回収・再資源化事業計画を主務大臣が認定した場合に、認定を受けた事業者は、廃棄物処理法に基づく業の許可がなくても、使用済プラスチック使用製品の自主回収・再資源化事業を行うことができるようになった。

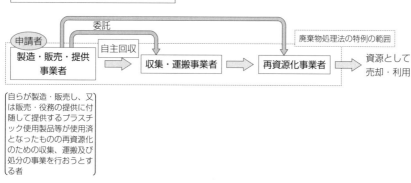

自主回収・再資源化のスキーム例

⑸　プラスチック使用製品産業廃棄物等の 排出の抑制・再資源化等

　プラスチック使用製品産業廃棄物等を排出する排出事業者は、主務大臣が定める排出事業者の判断基準に基づき、積極的に排出の抑制・再資源化に取り組むことが求められる。

　プラスチック使用製品産業廃棄物等の多量排出事業者（250t以上／前年度）は、排出の抑制、再資源化に対する目標設定、目標達成のための取組が著しく不十分な場合には、勧告・公表・命令等の対象となる。

⑹　排出事業者による再資源化事業

　排出事業者が自ら排出するプラスチック使用製品廃棄物について、排出事業者が作成した再資源化事業計画を主務大臣が認定した場合に、認定を受けた事業者は、廃棄物処理法に基づく許可がなくても、プラスチック使用製品廃棄物の再資源化事業を行うことができるようになった。

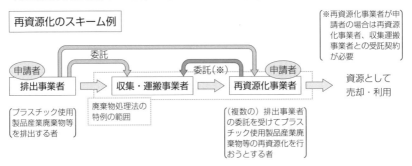

☑ チェック Q&A ⑧

質問9　製造・販売事業者による自主回収について

　　自社で製造や販売を行っていない製品も合わせて回収する場合でも、認定の対象となるか。

◀◀◀ 回答 ▶▶▶

　他社が製造・販売したプラスチック使用製品であっても、自主回収を行うプラスチック使用製品と合わせて再資源化を実施することが効率的なプラスチック使用製品であれば、認定の対象となる。

◀◀◀ 解説 ▶▶▶

　ただし、他者が製造した製品のみを回収する場合など、自主回収と認められない計画については、認定の対象外となる。

質問10　製造・販売事業者による再資源化事業について

　　自主回収・再資源化事業計画の認定を受けると、どのようなメリットがあるか。

◀◀◀ 回答 ▶▶▶

　自主回収・再資源化事業計画の認定を受けることで、当該計画に基づいて行われる自主回収・再資源化事業について、廃棄物処理法に基づく業の許可が不要となる。

◀◀◀ 解説 ▶▶▶

　これにより、複数の自治体の区域にまたがって自主回収・再資源化事業を行う場合、これまでは自治体ごとに許可を受ける必要があった廃棄物処理法に基づく業の許可が、認定を受けた事業者は不要となる。

（出典：環境省ホームページをもとに作成）

巻末付録

特別管理産業廃棄物排出源一覧表

（ばいじん、燃え殻）

廃棄物	排出源 施設	規模	アルキルHg	総Hg	1,4-ジオキサン	Cd	Pb	Cr(VI)	As	Se	DXN
ばいじん	3. 金属精錬又は無機化学工業品製造用焙焼炉、焼結炉及び煆焼炉	原料処理能力1t/h以上	○	○		○			○	○	
	4. 金属の精錬の用に供する溶鉱炉、転炉及び平炉	原料処理能力1t/h以上				○			○	○	
	5. 金属精錬又は鋳造用の溶解炉	火格子面積：1㎡以上 羽口面断面積：0.5㎡以上 バーナ燃焼能力：重油50ℓ/h以上 変圧器定格容量：200kVA以上のいずれかのもの	○	○		○	○			○	
	9. 窯業製品製造用焼成炉及び溶融炉									○	
	10. 無機化学工業品又は食料品製造用反応炉及び直火炉	火格子面積：1㎡以上 バーナ燃焼能力：重油50ℓ/h以上 変圧器定格容量：200kVA以上のいずれかのもの	○	○				○	○	○	
	11. 乾燥炉（Cu、Pb、Zn精錬用、トリポリ燐酸ナトリウム製造用は除く。）		○	○				○	○	○	
	12. 製鉄、製鋼若しくは合金鉄製造用又はカーバイドの製造用電気炉	変圧器定格容量：1,000kVA以上				○		○		○	
	14. 銅、鉛若しくは亜鉛の精錬用の焙焼炉、焼結炉、溶鉱炉、転炉、溶解炉及び乾燥炉	原料処理能力：0.5t/h以上 火格子面積：0.5㎡以上 羽口面断面積：0.2㎡以上 バーナ燃焼能力：重油20ℓ/h以上のいずれかのもの				○			○	○	
	15. カドミウム系顔料又は炭酸カドミウム製造用の乾燥施設	容量0.1㎡以上				○					
	21. 燐、燐酸、燐酸質肥料又は複合肥料の製造用反応施設、濃縮施設、焼成炉及び溶解炉	鉱石処理能力：80kg/h以上 バーナ燃焼能力：重油50ℓ/h以上 変圧器定格容量：200kVA以上のいずれかのもの				○				○	

施設	規模要件
23. トリポリ燐酸ナトリウムを製造する反応施設、乾燥炉及び焼成炉	原料処理能力：80kg/h以上 火格子面積：1㎡以上 バーナ燃焼能力：重油50ℓ/h以上のいずれかのもの
24. 鉛の第二次精錬又は鉛の管、板若しくは線の製造用溶解炉	バーナ燃焼能力：重油10ℓ/h以上 変圧器定格容量：40kVA以上のいずれかのもの
25. 鉛蓄電池製造用の溶解炉	バーナ燃焼能力：重油4ℓ/h以上 変圧器定格容量：20kVA以上のいずれかのもの
26. 鉛系顔料製造用溶解炉、反射炉、反応炉及び乾燥施設	容量：0.1㎡以上 バーナ燃焼能力：重油4ℓ/h以上 変圧器定格容量：20kVA以上のいずれかのもの
※2 製鋼（鋳鋼を除く。）電気炉	変圧器の定格容量：1,000kVA以上
※4 アルミニウム合金製造焙焼炉、溶解炉、乾燥炉	焙焼炉及び乾燥炉：原料処理能力0.5t/h以上 溶解炉：容量1t以上
汚泥（PCB汚染物、PCB処理物を除き、対象物質を含むものに限る。）の焼却施設	処理能力：5㎥/日超 処理能力：200kg/h以上 火格子面積：2㎡以上のいずれかの施設
廃油（廃PCB等を除き、対象物質を含むものに限る。）の焼却施設	処理能力：1㎥/日超 処理能力：200kg/h以上 火格子面積：2㎡以上のいずれかの施設
産業廃棄物（汚泥、廃油、廃プラ、廃PCB等、PCB汚染物、PCB処理物を除き、対象物質を含むものに限る。）の焼却施設	処理能力200kg/h以上又は火格子面積2㎡以上の施設
廃プラスチック類焼却施設	処理能力0.1t/日を超え又は火格子面積2㎡以上の施設
産業廃棄物焼却施設	処理能力200kg/h以上又は火格子面積2㎡以上の施設
廃棄物焼却炉である特定施設	処理能力50kg/h以上又は火格子面積0.5㎡以上の施設

ばいじん　燃え殻

(注) 1 施設番号は大気汚染防止法施行令別表第1による。
※印の施設番号はダイオキシン類対策特別措置法施行令別表第1による。

特別管理産業廃棄物排出源一覧表

（廃油）

業種	排出源（施設）	1,4-ジオキサン	セレン	ひ素	チオベンカルブ	シマジン	チウラム	1,3-ジクロロプロペン	1,1,2-トリクロロエタン	1,1,1-トリクロロエタン	シス-1,2-ジクロロエチレン	1,1-ジクロロエチレン	1,2-ジクロロエタン	四塩化炭素	ジクロロメタン	テトラクロロエチレン	トリクロロエチレン
19. 紡績業又は繊維製品製造業若しくは加工業	ト 染色施設 チ 薬液浸透施設									○○	○○	○○				○○	○○
21. 化学繊維製造業	ハ 原料回収施設														○		
23. パルプ、紙又は紙加工品製造業	リ セロハン製膜施設																
23の2. 新聞業、出版業、印刷業又は製版業	現像洗浄施設等									○	○	○			○	○	○
28. カーバイド法アセチレン誘導品製造業	ホ 塩化ビニルモノマー洗浄施設												○				
33. 合成樹脂製造業	イ 縮合反応施設 ニ 静置分離器	○○	○	○					○			○		○	○		
37. 第31号から第36号に掲げる事業以外の石油化学工業	チ エチレンオキサイド又はエチレングリコールの製造施設のうち、蒸留施設及び濃縮施設	○															
38の2. 界面活性剤製造業	反応施設（1,4-ジオキサンが発生するものに限り、洗浄装置を有しないものを除く。）	○															

業種・施設		
41. 香料製造業	ロ	抽出施設
47. 医薬品製造業	ニ	混合施設
49. 農薬製造業		混合施設
50. 第2条各号に掲げる物質を含有する試薬製造業		試薬製造施設
51. 石油精製業	ホ	潤滑油洗浄施設
53. ガラス又はガラス製品製造業	イ	研磨洗浄施設
66. 電気めっき業		
66の2. エチレンオキサイド又は1.4-ジオキサンの混合施設		
67. 洗濯業		洗浄施設
71の2. 科学技術に関する研究、試験、検査又は専門教育を行う事業場で環境省令で定めるものに設置されるこれらの業務の用に供する施設	イ	洗浄施設
71の5. トリクロロエチレン、テトラクロロエチレン又はジクロロメタンによる洗浄施設		
写真感光材料製造業		溶解施設
廃油の蒸留施設（対象物質の回収を行うものに限る。）		
対象物質による表面処理施設		
対象物質を含有する塗料を使用する塗装施設		

● トリクロロエチレン、テトラクロロエチレン又は1,1,1-トリクロロエタンによる表面処理
◎ トリクロロエチレン、テトラクロロエチレン又はジクロロエチレンによる表面処理
（注）業種番号と施設記号は水質汚濁防止法施行令別表第1による。

特別管理産業廃棄物排出源一覧表（汚泥、廃酸、廃アルカリ）

排出源（業種・施設）別の物質名対応表。○は該当を示す。

物質名 ＼ 施設	19 紡織業又は繊維製品製造業若しくは加工業 ト 染色施設	19 チ 薬液浸透施設	19 リ のり抜き施設	21 化学繊維製造業 イ 湿式紡糸施設	21 ロ リンター又は未精練繊維の薬液処理施設	21 ハ 原料回収施設	22 木材薬品処理業 ロ 薬液浸透施設	23 パルプ、紙、紙加工品の製造業 イ 原料浸せき施設	23 ニ 蒸解施設	23 ホ 蒸解廃液濃縮施設	23 ヘ チップ及びパルプ洗浄施設	23 ト 漂白施設	23 チ 抄紙施設	23 リ セロハン製膜施設	23 ヌ 湿式繊維板成型施設	23 ル 廃ガス洗浄施設	23の2 新聞業、出版業、印刷業又は製版業 現像洗浄施設等
DXN																	
1,4-ジオキサン							○										
セレン																	
ベンゼン							○							○	○		
チオベンカルブ																	
シマジン																	
チウラム																	
1,3-ジクロロプロペン																	
1,1,2-トリクロロエタン																	
1,1,1-トリクロロエタン	○	○	○														○
シス-1,2-ジクロロエチレン	○	○															○
1,1-ジクロロエチレン	○	○	○				○										○
1,2-ジクロロエタン																	
四塩化炭素																	
ジクロロメタン				○	○	○											○
テトラクロロエチレン	○	○															○
トリクロロエチレン	○	○															○
PCB								○	○	○	○	○	○		○	○	
CN																	
As							○										
Cr (Ⅵ)	○						○										
有機燐																	
Pb																	
Cd																	
総Hg																	
アルキルHg																	

排出源（業種・施設）

24. 化学肥料製造業
　イ ろ過施設　ロ 分離施設　ハ 水洗式破砕施設　ニ 廃ガス洗浄施設　ホ 湿式集じん施設
25. 水銀電解法によるか性ソーダ又はか性カリ製造業
　イ 塩水精製施設　ロ 電解施設
26. 無機顔料製造業
　イ 洗浄施設　ロ ろ過施設　ハ カドミウム系無機顔料製造施設のうち遠心分離機　ニ 廃ガス洗浄施設
27. 前2号以外の無機化学工業製品製造業
　イ ろ過施設　ロ 遠心分離施設　ハ 青酸反応施設のうち反応施設　ニ 廃ガス洗浄施設　ホ 湿式集じん施設
28. カーバイド法アセチレン誘導品製造業
　イ 湿式アセチレンガス発生施設　ロ 塩化ビニルモノマー洗浄施設

物質名	24イ	24ロ	24ハ	24ニ	24ホ	25イ	25ロ	26イ	26ロ	26ハ	26ニ	27イ	27ロ	27ハ	27ニ	27ホ	28イ	28ロ
DXN																		
1,4-ジオキサン																		
チウラム								○	○		○	○	○	○			○	○
ベンゼン																		
チオベンカルブ																		
シマジン																		
セレン																		
1,3-ジクロロプロペン																		
1,1,2-トリクロロエタン																		
1,1,1-トリクロロエタン																		
シス-1,2-ジクロロエチレン																		
1,1-ジクロロエチレン																		
1,2-ジクロロエタン																		○
四塩化炭素																		
ジクロロメタン																		
テトラクロロエチレン																		
トリクロロエチレン																		
PCB																		
CN								○	○			○	○	○		○	○	
As	○	○	○	○	○													
Cr (Ⅵ)								○	○			○	○	○			○	○
有機燐																		
Pb								○	○			○	○	○			○	○
Cd								○	○	○		○	○	○			○	○
総Hg						○	○	○	○			○	○	○				○
アルキルHg						○	○	○	○			○	○	○				○

物質名	29 イ	29 ロ	31 イ	31 ハ	32 イ	32 ロ	32 ハ	32 ニ	33 イ	33 ロ	33 ハ	33 ニ	33 ホ	33 ヘ	33 リ
DXN															
1,4-ジオキサン									○	○	○	○		○	○
チウラム															
ベンゼン	○	○			○	○	○	○	○	○	○	○		○	○
チオベンカルブ															
シマジン															
セレン															
1,3-ジクロロプロペン															
1,1,2-トリクロロエタン					○	○	○	○	○	○	○			○	○
1,1,1-トリクロロエタン				○	○	○	○	○					○		
シス-1,2-ジクロロエチレン				○	○	○	○	○	○	○	○	○		○	○
1,1-ジクロロエチレン				○	○	○	○	○	○	○	○			○	○
1,2-ジクロロエタン															
四塩化炭素			○	○	○	○	○	○	○	○	○			○	○
ジクロロメタン			○		○	○	○	○	○	○	○			○	○
テトラクロロエチレン				○	○	○	○	○					○		
トリクロロエチレン				○	○	○	○	○					○		
PCB															
CN					○	○	○	○	○	○	○			○	
As															
Cr (Ⅵ)					○	○	○								
有機燐															
Pb															
Cd															
総Hg															
アルキルHg															

排出源

業種・施設

29. コールタール製品製造業
　イ　ベンゼン類製硫酸洗浄施設
　ロ　静置分離器

31. メタン誘導品製造業
　イ　メチルアルコール又は四塩化炭素の製造施設のうち蒸留施設
　ハ　フロンガス製造施設及びろ過施設

32. 有機顔料又は合成染料製造業
　イ　ろ過施設
　ロ　顔料又は染色レーキの製造施設のうち、水洗施設
　ハ　遠心分離機
　ニ　廃ガス洗浄施設

33. 合成樹脂製造業
　イ　縮合反応施設
　ロ　水洗施設
　ハ　遠心分離機
　ニ　静置分離器
　ホ　フッ素樹脂製造施設のうち、ガス冷却洗浄施設及び蒸留施設
　ヘ　廃ガス洗浄施設
　リ　湿式集じん施設

物質名 \ 排出源（業種・施設）	34. 合成ゴム製造業 イ ろ過施設	ロ 脱水施設	ハ 水洗施設	ニ ラテックス濃縮施設	ホ スチレン・ブタジエンゴム、ニトリル・ブタジエンゴム又はポリブタジエンゴムの製造施設のうち、静置分離器	35. 有機ゴム薬品製造業 イ 蒸留施設	ロ 分離施設	ハ 廃ガス洗浄施設	37. 前6号以外の石油化学工業 イ 洗浄施設	ロ 分離施設	ハ ろ過施設	ニ アクリロニトリルの製造施設及び蒸留施設のうち、急冷施設	ホ アセトアルデヒド、アセトン、カプロラクタム、テレフタル酸又はトリレンジアミン製造施設のうち、蒸留施設
DXN													
1,4-ジオキサン									○	○	○		
セレン													
ベンゼン	○	○	○	○	○				○	○	○		○
チオベンカルブ													
シマジン													
チウラム	○	○	○	○	○	○	○	○					
1,3-ジクロロプロペン									○	○	○		
1,1,2-トリクロロエタン									○	○	○		
1,1,1-トリクロロエタン									○	○	○		
シス-1,2-ジクロロエチレン	○	○	○	○					○	○	○		
1,1-ジクロロエチレン									○	○	○		
1,2-ジクロロエタン									○	○	○		
四塩化炭素	○	○	○	○	○				○	○	○		
ジクロロメタン	○	○	○	○					○	○	○		
テトラクロロエチレン	○	○	○	○					○	○	○		
トリクロロエチレン									○	○	○		
PCB													
CN		○	○		○							○	
As													
Cr（Ⅵ）													
有機燐													
Pb													
Cd													○
総Hg													
アルキルHg													

物質名	ヘ アルキルベンゼン製造施設のうち、酸又はアルカリによる処理施設	ト イソプロピルアルコール製造施設のうち、蒸留施設及び硫酸濃縮施設	チ エチレンオキサイド又はエチレングリコールの製造施設のうち、蒸留施設及び濃縮施設	ヌ シクロヘキサノン製造施設のうち、酸又はアルカリによる処理施設	ヲ ノルマルパラフィン製造施設のうち、酸又はアルカリによる処理施設及びメチルアルコール蒸留施設	ヨ メチルメタアクリレートモノマー製造施設のうち、反応施設及びメチルアルコール回収施設	タ 廃ガス洗浄施設
DXN							
1,4-ジオキサン			○				○
チウラム							
ベンゼン	○	○		○	○		○
チオベンカルブ							
シマジン							
1,3-ジクロロプロペン							○
1,1,2-トリクロロエタン							○
1,1,1-トリクロロエタン							○
シス-1,2-ジクロロエチレン							○
1,1-ジクロロエチレン							○
1,2-ジクロロエタン							○
四塩化炭素							○
ジクロロメタン							○
テトラクロロエチレン							○
トリクロロエチレン							○
PCB							
CN						○	
As							
Cr (Ⅵ)							
有機燐							
Pb							
Cd							○
総Hg							
アルキルHg							

排出源

業種：37. 前6号以外の石油化学工業

物質名 × 排出源（業種・施設）一覧

物質名	38の2 反応施設	41 イ 洗浄施設	41 ロ 抽出施設	43 感光剤洗浄施設	46 イ 水洗施設	46 ロ ろ過施設	46 ニ 廃ガス洗浄施設	47 ロ ろ過施設	47 ハ 分離施設	47 ニ 混合施設	47 ホ 廃ガス洗浄施設	49 混合施設	50 試薬製造施設	51 イ 脱塩施設	51 ロ 原油常圧蒸留施設	51 ハ 脱硫施設	51 ニ 揮発油・灯油・軽油洗浄施設	51 ホ 潤滑油洗浄施設
DXN																		
1,4-ジオキサン	○				○	○	○	○	○	○	○		○					
セレン					○	○	○						○					
ベンゼン			○	○	○	○	○	○	○	○			○	○	○	○	○	○
チオベンカルブ					○	○	○					○						
シマジン					○	○	○					○						
チウラム					○	○	○					○						
1,3-ジクロロプロペン					○	○	○					○						
1,1,2-トリクロロエタン					○	○	○						○					
1,1,1-トリクロロエタン					○	○	○	○	○	○	○		○					○
シス-1,2-ジクロロエチレン				○	○	○	○				○		○					○
1,1-ジクロロエチレン				○	○	○	○				○		○					○
1,2-ジクロロエタン				○	○	○	○				○		○					
四塩化炭素			○	○	○	○	○				○		○					
ジクロロメタン			○	○	○	○	○				○		○					
テトラクロロエチレン				○	○	○	○				○		○					
トリクロロエチレン				○	○	○	○				○		○					○
PCB																		
CN					○	○	○						○					
As								○	○	○			○					
Cr (Ⅵ)								○	○	○			○					
有機燐					○	○	○				○	○						
Pb					○	○	○	○	○	○			○					
Cd				○									○					
総Hg					○	○	○	○	○	○			○					
アルキルHg					○	○	○	○	○	○			○					

排出源（業種 / 施設）

- 38の2. 界面活性剤製造業 — 反応施設（1,4-ジオキサンが発生するものに限り、洗浄装置を有しないものを除く。）
- 41. 香料製造業 — イ 洗浄施設　ロ 抽出施設
- 43. 写真感光材料製造業 — 感光剤洗浄施設
- 46. 第28号から前号までに掲げる事業以外の有機化学工業製品製造業 — イ 水洗施設　ロ ろ過施設　ニ 廃ガス洗浄施設
- 47. 医薬品製造業 — ロ ろ過施設　ハ 分離施設　ニ 混合施設　ホ 廃ガス洗浄施設
- 49. 農薬製造業 — 混合施設
- 50. 第2条各号に掲げる物質を含有する試薬製造業 — 試薬製造施設
- 51. 石油精製業 — イ 脱塩施設　ロ 原油常圧蒸留施設　ハ 脱硫施設　ニ 揮発油、灯油又は軽油の洗浄施設　ホ 潤滑油洗浄施設

排出源 業種	51の2．自動車用タイヤ若しくは自動車用チューブ製造業、ゴムホース製造業、工業用ゴム製品製造業、更生タイヤ製造業又はゴム板製造業	53．ガラス又はガラス製品製造業		58．窯業原料精製業				61．鉄鋼業		62．非鉄金属製造業					63．金属製品製造業又は機械器具製造業			
排出源 施設	直接加硫施設	イ　研磨洗浄施設	ロ　廃ガス洗浄施設	イ　水洗式破砕施設	ロ　水洗式分別施設	ハ　酸処理施設	ニ　脱水施設	イ　タール及びガス液分離施設	ロ　ガス冷却洗浄施設	イ　還元そう	ロ　電解施設	ニ　水銀精製施設	ホ　廃ガス洗浄施設	ヘ　湿式集じん施設	イ　焼入れ施設	ロ　電解式洗浄施設	ハ　カドミウム電極又は鉛電極の化成施設	ニ　水銀精製施設
物質名 DXN																		
1,4-ジオキサン																		
セレン		○	○	○	○	○	○			○	○		○	○				
ベンゼン								○	○									
チオベンカルブ																		
シマジン																		
チウラム	○																	
1,3-ジクロロプロペン																		
1,1,2-トリクロロエタン																		
1,1,1-トリクロロエタン		○																
シス-1,2-ジクロロエチレン																		
1,1-ジクロロエチレン		○																
1,2-ジクロロエタン																		
四塩化炭素																		
ジクロロメタン		○																
テトラクロロエチレン																		
トリクロロエチレン																		
PCB																		
CN								○							○	○		
As		○	○							○	○		○	○				
Cr（Ⅵ）																○		
有機燐																		
Pb		○	○	○	○	○	○				○		○	○			○	
Cd		○	○	○	○	○	○						○	○			○	
総Hg												○	○	○				○
アルキルHg												○	○	○				○

物質名（縦軸）×排出源（横軸）一覧

物質名 ＼ 排出源	63. 金属製品製造業又は機械器具製造業／ホ 廃ガス洗浄施設	64. ガス供給業又はコークス製造業／イ タール及びガス液分離施設	64. ／ロ ガス冷却洗浄施設	65. 酸又はアルカリによる表面処理施設	66. 電気めっき施設	66の2. エチレンオキサイド又は1,4-ジオキサンの混合施設	66の3. 旅館業／ハ 入浴施設	67. 洗濯業 洗浄施設	68. 写真現像業 現像洗浄施設	71の2. 科学技術に関する研究、試験、検査又は専門教育を行う事業場で環境省令で定めるものに設置されるそれらの業務の用に供する施設／イ 洗浄施設	71の2. ／ロ 焼入れ施設	71の5. トリクロロエチレン、テトラクロロエチレン又はジクロロメタンによる洗浄施設	71の6. トリクロロエチレン、テトラクロロエチレン又はジクロロメタンの蒸留施設
DXN													
1,4-ジオキサン						○				○			
セレン	○			○									
ベンゼン		○	○										
チオベンカルブ										○			
シマジン										○			
チウラム										○			
1,3-ジクロロプロペン										○			
1,1,2-トリクロロエタン										○			
1,1,1-トリクロロエタン					○			○		○			
シス-1,2-ジクロロエチレン					○			○		○			
1,1-ジクロロエチレン					○					○			
1,2-ジクロロエタン					○					○			
四塩化炭素					○					○			
ジクロロメタン					○					○		○	○
テトラクロロエチレン					○					○		○	○
トリクロロエチレン					○					○		○	○
PCB										○			
CN		○	○					○			○		
As				○			○						
Cr（Ⅵ）	○			○						○			
有機燐										○			
Pb	○			○	○								
Cd				○	○				○				
総Hg	○									○			
アルキルHg	○									○			

排出源別・物質別一覧（物質名／排出源（業種・施設））

物質名 \ 排出源	写真感光材料製造業 溶解施設	石油精製業 改質施設	トリニトロトルエン銃製造業	青化法精錬施設	石油製品製造業 蒸留施設	廃油 蒸留施設	アセチレン精製施設	その他の物質による表面処理施設	トリクロロエチレン又はテトラクロロエチレンによる表面処理施設	対象物質を含有する塗料を使用する塗装施設	トリクロロエチレン、テトラクロロエチレン又は1,1,1-トリクロロエタンによる表面処理施設	指定下水汚泥	※1	※2	※3	※4
DXN													○	○	○	○
1,4-ジオキサン					○		○		○							
チウラム																
シマジン					○	○	○									
チオベンカルブ																
ベンゼン																
セレン																
1,3-ジクロロプロペン					○	○										
1,1,2-トリクロロエタン					○	○										
1,1,1-トリクロロエタン		○			○	○		○								
シス-1,2-ジクロロエチレン					○	○			○							
1,1-ジクロロエチレン		○			○	○					○					
1,2-ジクロロエタン					○	○		○								
四塩化炭素					○	○		○								
ジクロロメタン	○							○								
テトラクロロエチレン					○	○		○				○				
トリクロロエチレン					○	○		○				○				
PCB												○				
CN				○												
As												○				
Cr(VI)												○				
有機燐												○				
Pb			○									○				
Cd												○				
総Hg							○					○				
アルキルHg							○					○				

※1　硫酸パルプ又は亜硫酸パルプ製造の塩素又は塩素化合物漂白施設
※2　カーバイド法アセチレン製造のアセチレン洗浄施設
※3　硫酸カリウム製造施設のうち、廃ガス洗浄施設
※4　アルミナ繊維製造施設のうち、廃ガス洗浄施設

物質名	※5	※6	※7	※8	※9	※10	※11	※12	※13
DXN	○	○	○	○	○	○	○	○	○
1,4-ジオキサン									
セレン									
ベンゼン									
チオベンカルブ									
シマジン									
チウラム									
1,3-ジクロロプロペン									
1,1,2-トリクロロエタン									
1,1,1-トリクロロエタン									
シス-1,2-ジクロロエチレン									
1,1-ジクロロエチレン									
1,2-ジクロロエタン									
四塩化炭素									
ジクロロメタン									
テトラクロロエチレン									
トリクロロエチレン									
PCB									
CN									
As									
Cr（Ⅵ）									
有機燐									
Pb									
Cd									
総Hg									
アルキルHg									

排出源　施設

※5　担体付き触媒の製造（塩素又は塩素化合物を使用するものに限る。）の用に供する焼成炉から発生するガスを処理する施設のうち、廃ガス洗浄施設

※6　塩化ビニルモノマー製造施設のうち、二塩化エチレン洗浄施設

※7　カプロラクタム製造施設のうち、硫酸濃縮施設、シクロヘキサン分離施設、廃ガス洗浄施設

※8　クロロベンゼン又はジクロロベンゼン製造施設のうち、水洗施設、廃ガス洗浄施設

※9　4-クロロフタル酸水素ナトリウム製造施設のうち、ろ過施設、乾燥施設、廃ガス洗浄施設

※10　2,3-ジクロロ-1,4-ナフトキノン製造施設のうち、ろ過施設、廃ガス洗浄施設

※11　ジオキサジンバイオレット製造施設のうち、ニトロ化誘導体分離施設及び還元誘導体分離施設、ニトロ化誘導体洗浄施設及び還元誘導体洗浄施設

※12　アルミニウム又はその合金製造焼炉等の発生ガス処理施設のうち、廃ガス洗浄施設、湿式集じん施設

※13　亜鉛回収施設のうち、精製施設、廃ガス洗浄施設、湿式集じん施設

物質名 \ 排出源（施設）	※14 拒体付き触媒（使用済みのものに限る。）からの金属の回収（ソーダ灰を添加して焙焼炉で処理する方法及びアルカリにより抽出する方法（焙焼炉で処理しないものに限る。）によるものを除く。）の用に供する施設のうち、ろ過施設、精製施設、廃ガス洗浄施設	※15 廃棄物焼却炉（火床面積が0.5㎡以上又は焼却能力が50kg/h以上のもの）の発生ガス処理施設のうち、廃ガス洗浄施設、湿式集じん施設及び灰の貯留施設であって汚水又は廃液を排出するもの	※16 廃PCB等又はPCB処理物分解施設、PCB汚染物又はPCB処理物洗浄施設又は分離施設	※17 フロン類（特定物質の規制等によるオゾン層の保護に関する法律施行令別表第1の項、3の項及び6の項に掲げる特定物質をいう。）の破壊（プラスチックを用いて破壊する方法その他の環境省令で定める方法によるものに限る。）の用に供する施設のうち、プラズマ反応施設、廃ガス洗浄施設、湿式集じん施設
DXN	○	○	○	○
1,4-ジオキサン				
チウラム				
シマジン				
チオベンカルブ				
ベンゼン				
セレン				
1,3-ジクロロプロペン				
1,1,2-トリクロロエタン				
1,1,1-トリクロロエタン				
シス-1,2-ジクロロエチレン				
1,1-ジクロロエチレン				
1,2-ジクロロエタン				
四塩化炭素				
ジクロロメタン				
テトラクロロエチレン				
トリクロロエチレン				
PCB				
CN				
As				
Cr（Ⅵ）				
有機燐				
Pb				
Cd				
総Hg				
アルキルHg				

（注）業種番号と施設番号と施設記号は水質汚濁防止法施行令別表第1による。
※印の業種番号と施設番号はダイオキシン類対策特別措置法施行令別表第2による。

一 般 廃 棄 物 処 理 基 準

収集運搬基準【☞P.60参照】

イ	飛散、流出	▶	防止
	悪臭、騒音、振動	▶	生活環境保全上支障ない必要な措置
ロ	収集・運搬施設設置	▶	生活環境保全上支障ない必要な措置
ハ	運搬車、運搬容器、運搬用パイプライン	▶	飛散、流出、悪臭漏れなし
ニ	船舶 ▶ 一廃収集運搬船の表示（市町村名、許可番号）		
	収集運搬証拠書面等の備え付け		
ホ	石綿含有一廃（含有0.1％超） ▶ 非破砕、混合せず他の物と区分		
ヘ	積替え　場所 ▶ 周囲に囲い、積替え場所の表示		
	飛散、流出、地下浸透、悪臭発散 ▶ 必要な防止措置		
	ねずみ、蚊、はえ、その他害虫 ▶ 発生防止措置		
ト	石綿含有一廃 ▶ 積替え ▶ 仕切等必要措置		

チ 保管 ── 原則禁止 ── 運搬先が定められている
　　　　　　　　　　　　　適切に保管できる量以内
　　　　積替え保管のみ ──性状に変化のないうちに搬出

リ	場　所	▶	周囲に囲い
			（廃棄物荷重がかかる場合は構造耐力上安全なもの）
		▶	積替保管場所表示の掲示板
			○寸　　法　・60cm×60cm以上
			○表示内容　・保管一廃の種類（含石綿廃棄物、水銀処理物）
			・管理者氏名、名称、連絡先
			・最大積上げ高さ（屋外保管、非容器）

	必要な措置	▶	汚水対策 ▶ 必要な排水溝等、底面不浸透性材料
		▶	屋外保管積上げ高さの制限（非容器）
	▲		①　廃棄物が囲いに接しない場合
			囲いの下端から勾配50％以下
	飛散、流出、地下浸透、悪臭防止		②　廃棄物が囲いに接する場合
			囲いの内側2mは、囲い高さより50cm以下
			2m以上内側は、2m線から勾配50％以下
		▶	使用済自動車等の屋外保管高さ制限
			①　保管場所の囲いから3m以内　　3m以内
			②　保管場所の囲いから3m以上　　4.5m以内
		▶	使用済自動車格納施設（構造耐力上安全）
			落下により危害が生ずるおそれのない高さ
		▶	ねずみ、蚊、はえ、害虫の発生防止
ヌ	石綿含有一廃 ▶ 保管 ▶ 仕切等必要措置		
ル	分別区分 ▶ 一廃処理計画に基づき ▶ 分別区分に従い収集運搬		

処分・再生基準（埋立・海洋投入処分以外）【☞P.65参照】

飛散、流出	▶	防止
悪臭、騒音、振動	▶	生活環境保全上支障ない必要な措置
収集・運搬施設設置	▶	生活環境保全上支障ない必要な措置

イ　焼却　─　一廃の焼却は焼却設備を用いる
※　要構造基準に合致

焼却設備の構造
① 空気取入口、煙突先端のみ外気と接触 燃焼ガス温度800℃以上
② 必要な量の空気の通風
③ 廃棄物燃焼中、外気と遮断・定量供給
④ 燃焼ガス温度測定装置
⑤ 助燃装置

環境大臣の定める方法で焼却：（H23.4.1環告29）

焼却方法
① 煙突の先端以外から、燃焼ガスの排出なし
② 煙突の先端から、火炎、黒煙の排出なし
③ 煙突から焼却灰、未燃物の飛散なし

ロ　熱分解　─　一廃熱分解は熱分解設備を用いる
※　要構造基準に合致

熱分解設備の構造
（炭化水素油・炭化物生成）
イ 熱分解室への空気流入防止
ロ 必要な温度・圧力保持
ハ 温度・圧力の定期的測定
ニ 残さを直ちに冷却
ホ 炭化水素油の未回収ガスの適正処理
（その他）必要温度の適正保持、その他必要な措置

環境大臣の定める方法で熱分解：（H17.1.12環告1）

熱分解の方法
イ 排出口以外から、処理ガスの排出なし
ロ 排出口から、処理残さの飛散なし
ハ 排出口から火炎、黒煙の排出なし
ニ 発生ガス処理（生活環境保全上支障なし）
炭化水素油の生成等以外はイ、ロのみ

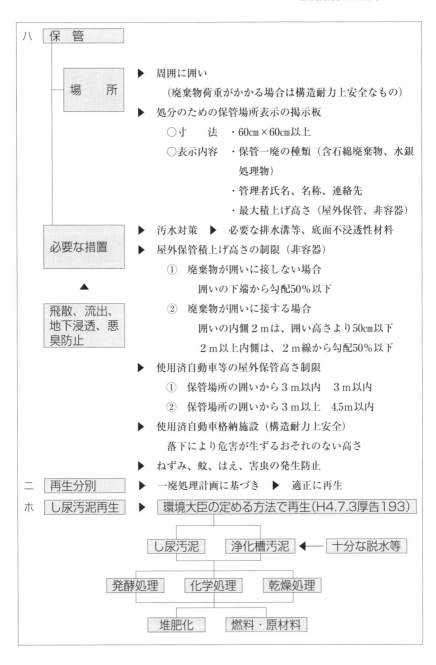

ハ　保　管

場　所　▶　周囲に囲い
（廃棄物荷重がかかる場合は構造耐力上安全なもの）

▶　処分のための保管場所表示の掲示板

○寸　　法　・60cm×60cm以上

○表示内容　・保管一廃の種類（含石綿廃棄物、水銀
処理物）

・管理者氏名、名称、連絡先

・最大積上げ高さ（屋外保管、非容器）

必要な措置　▶　汚水対策　▶　必要な排水溝等、底面不浸透性材料

▶　屋外保管積上げ高さの制限（非容器）

①　廃棄物が囲いに接しない場合

囲いの下端から勾配50%以下

▲

飛散、流出、
地下浸透、悪
臭防止

②　廃棄物が囲いに接する場合

囲いの内側2mは、囲い高さより50cm以下

2m以上内側は、2m線から勾配50%以下

▶　使用済自動車等の屋外保管高さ制限

①　保管場所の囲いから3m以内　3m以内

②　保管場所の囲いから3m以上　4.5m以内

▶　使用済自動車格納施設（構造耐力上安全）

落下により危害が生ずるおそれのない高さ

▶　ねずみ、蚊、はえ、害虫の発生防止

ニ　再生分別　▶　一廃処理計画に基づき　▶　適正に再生

ホ　し尿汚泥再生　▶　環境大臣の定める方法で再生(H4.7.3厚告193)

し尿汚泥　浄化槽汚泥　◀　十分な脱水等

発酵処理　化学処理　乾燥処理

堆肥化　燃料・原材料

ヘ　特定家庭用機器一廃　▶　環境大臣の定める方法で再生・処分
（H11.6.23厚告148）

① 特定家庭用機器一廃（産廃）：

鉄、アルミニウム、銅、プラスチック　▶　使用部品を分離等回収

②③ 廃テレビジョン受信機（ブラウン管式）：

ブラウン管のガラス　▶　前面部、側面部に分割　▶　カレット原料

プリント配線板の変圧器等の電源回路等部品　▶　溶融加工　▶　金属回収

④ 廃テレビジョン受信機（液晶式）：

蛍光管の水銀等　▶　破砕　▶　薬剤処理で安定又はばい焼回収

液晶パネルの砒素等　▶　溶融・焼成　▶　薬剤処理で安定又は溶媒抽出回収等

⑤ 廃エアコンディショナー、廃電気冷蔵庫、廃電気冷凍庫、廃電気洗
濯機、廃衣類乾燥機：

冷媒使用　▶　ハイドロフルオロカーボン回収

⑥ 廃電気冷蔵庫、廃電気冷凍庫：

断熱材　▶　ハイドロフルオロカーボン回収

　　　　▶　断熱材分離　▶　他製品原材料

　　　　▶　焼却

ト　石綿含有一廃　▶　保管　▶　仕切等必要措置
（H18.7.27環告102）

① 破砕、切断（収集運搬）▶　湿潤化
② 環境大臣の定める方法で再生・処分

① 溶融
② 無害化処理
③ 一廃と混合・破砕し、焼却
（投入物石綿含有0.1%以下）

埋立処分基準【☞P.67参照】

飛散、流出	▶	防止（ワの大気中飛散の防止は適用せず）
悪臭、騒音、振動	▶	生活環境保全上支障ない必要な措置
収集・運搬施設設置	▶	生活環境保全上支障ない必要な措置

イ　地中空間利用処分の禁止
　　周囲に囲い、一廃処分場所の表示

ロ　浸出液による汚染防止措置　▶　公共の水域、地下水

必要設備
①　保有水・雨水等を防止する遮水工（不透水性の地層除く）
②　保有水等集排水設備（必要措置講じられた場合を除く）
③　浸出液処理設備（十分な容量の耐水構造の貯留槽と同等の水処理施設、及び、埋立終了後、安定・水処理なく放流できる状態を除く）
④　地表水開口部から流入防止させる開渠

放流水・周縁地下水の水質
イ　放流水基準　▶　適合
　・最終処分基準省令別表1
　・ダイオキシン類許容基準
ロ　周辺地下水水質の悪化（最終処分基準省令別表2不適合ダイオキシン類汚染等）
　　▶　必要な措置

ハ　埋立方法　▶　一層は3m以下、一層ごとに土砂で50cmの覆土
対象外　・熱しゃく減量15%以下の焼却物
　　　　・小規模埋立処分（1万㎡又は5万㎡以下）

ニ　ねずみ、蚊、はえ、その他害虫　▶　発生させない

ホ　埋立処分終了　▶　表面を土砂で覆土　▶　生活環境の保全

ヘ　浄化槽に係る汚泥、し尿の埋立処分

　　　し尿処理施設で焼却、熱分解

　　　し尿処理施設処理 ──────── 汚泥含水率85%以下に脱水

　　　　　　　　　　　　　　　　　　汚泥　▶　焼却、熱分解

ト　特定家庭用機器一廃　▶　環境大臣の定める方法で再生・処分
　　　　　　　　　　　　　　（H11.6.23厚告148）

---

① 特定家庭用機器一廃（産廃）:

　　鉄、アルミニウム、銅、プラスチック　▶　使用部品を分離等回収

②③ 廃テレビジョン受信機（ブラウン管式）:

　　ブラウン管のガラス　▶　前面部、側面部に分割　▶　カレット原料

　　プリント配線板の変圧器等の電源回路等部品　▶　溶融加工　▶　金属回収

④ 廃テレビジョン受信機（液晶式）:

　　蛍光管の水銀等　▶　破砕　▶　薬剤処理で安定又はばい焼回収

　　液晶パネルの砒素等　▶　溶融・焼成　▶　薬剤処理で安定又は溶媒抽出回収等

⑤ 廃エアコンディショナー、廃電気冷蔵庫、廃電気冷凍庫、廃電気洗濯機、廃衣類乾燥機:

　　冷媒使用　▶　ハイドロフルオロカーボン回収

⑥ 廃電気冷蔵庫、廃電気冷凍庫:

　　断熱材　▶　ハイドロフルオロカーボン回収

　　　　　▶　断熱材分離　▶　他製品原材料

　　　　　▶　焼却

チ　石綿含有一廃の埋立処分　▶　一定の場所、分散しない

　　　　　　　　　　　　　　　▶　表面を土砂で覆い、飛散・流出なし

リ　石綿含有一廃　▶　処分・再生による廃棄物（H4.7.3環告42）

├─　溶融　① 溶融処理生成物　▶　基準適合（石綿検出なし）

　　　　　② 溶融で発生したばいじん　▶　溶融・基準適合又はセメント固化

├─　無害化　③ 無害化処理生成物　▶　基準適合
　　処理
　　　　　④ 無害化処理発生ばいじん　▶　無害化・基準適合又はセメント固化

　　　　　⑤ 破砕に伴う粉じん　▶　溶融・基準適合又はセメント固化

└─　破砕　⑥　　　　〃　　　　▶　無害化・基準適合又はセメント固化

　　　　　⑦ 破砕、焼却　▶　石綿0.1％以下、基準適合又はセメント固化

ヌ　水銀処理物（硫化・固型化）の埋立処分

　　(1)　水面埋立処分禁止
　　(2)　水銀処理物（基準不適合物0.005mg/ℓ超）▶公共用水
　　　　域・地下水遮断
　　(3)　基準適合水銀処理物　①一定の場所、分散なし
　　　　　　　　　　　　　　②他の廃棄物と区分
　　　　　　　　　　　　　　③流出しない措置
　　　　　　　　　　　　　　④雨水浸入しない措置

ル　特管ばいじん又はその処理物　▶　処分・再生による廃棄物（H4.7.3環告42）

├─　共通事項　・液状の廃棄物　▶　埋立禁止

　　　　　　　・泥状の廃棄物　▶　含水率85％以下に脱水

├─　溶融　・溶融設備使用　▶　十分な溶融固化

　　　　　・処理後のばいじん　▶　金属等不溶出処理

├─　セメント固化　・金属等不溶出処理

└─　その他処分・再生後の廃棄物　▶　固形化処理　▶　金属不溶出処理

ヲ　感染性一廃　▶　処分・再生による廃棄物　（H4.7.3環告42）

　　　共通事項　　・液状の廃棄物　▶　埋立禁止

　　　　　　　　　・泥状の廃棄物　▶　含水率85％以下に脱水

　　　焼却　　　　・十分な焼却　▶　感染性なし

　　　溶融　　　　・十分な溶融加工　▶　感染性なし

　　　滅菌、消毒　・十分な滅菌・消毒　▶　感染性なし

ワ　ばいじん・燃え殻又はその処理物

　　　イ～ホによるほか
　　　大気中に飛散防止　▶　あらかじめ水分添加、固型化、こん包
　　　等必要措置
　　　運搬車付着飛散防止　▶　当該運搬車洗浄等必要措置
　　　埋立地以外に飛散・流出防止　▶　表面土砂覆い等必要措置

海洋投入処分【☞P.71参照】

一廃の海洋投入処分　▶　禁止（H19.4～）

特 別 管 理 一 般 廃 棄 物 処 理 基 準

収集・運搬基準【☞P.60参照】

| 飛散、流出 | ▶ | 防止 |

| 悪臭、騒音、振動 | ▶ | 生活環境保全上支障ない必要な措置 |

| 収集・運搬施設設置 | ▶ | 生活環境保全上支障ない必要な措置 |

| 収集・運搬施設(船舶) | ▶ | 特管一廃収集船の表示、特管一廃収集運搬証拠書面 |

イ　人の健康・生活環境被害 ▶ 防止

　　他の物との混合
　　　　　　混合可能 ▶
① Dx法ばいじん・燃え殻・汚泥（特管一廃とそれ以外）
　　　　▶ 全量溶融又は焼成
② 感染性一廃と感染性産廃
③ 特管一廃の廃水銀と特管産廃の廃水銀等

ロ　運搬車、運搬容器 ▶ 飛散、流出、悪臭漏れのないものを使用

ハ　運搬用パイプライン ▶ 禁止　例外：危険物の規制に関する政令の移送取扱所

ニ　・特管一廃の種類
　　・取扱注意事項 ▶ 収集運搬者　文書に記載し携帯
　　　　　　　　　例外：運搬容器に表示

ホ　PCB使用部品
　　廃水銀
　　感染性一廃 ▶ 運搬容器に収納

ヘ　運搬容器
① 密閉、PCB漏洩防止措置
② 収納しやすい
③ 損傷しにくい

ト　積替え
　　飛散、流出、地下浸透、悪臭発散 ▶ 必要な防止措置
　　ねずみ、蚊、はえ、その他害虫 ▶ 発生防止措置

　　場所 ▶ 周囲に囲い、積替え場所の表示
　　　　　　　　場所表示
　　　　　　　　特管一廃の種類

　　　　　　　　管理者・氏名又は名称
　　　　　　　　　　　・連絡先

- 他の物と混合禁止　▶　仕切り等の措置

例外：
混合可能
① Dx法ばいじん・燃え殻・汚泥（特管一廃とそれ以外）　▶　全量溶融又は焼成
② 感染性一廃と感染性産廃
③ 特管一廃の廃水銀と特管産廃の廃水銀等

種類に応じ必要な措置
① PCB使用部品　▶　腐食防止
② 廃水銀　▶　密封容器、飛散・流出・揮発防止、腐食防止
③ 特管ばいじん　▶　固化防止
④ 感染性一廃　▶　腐敗防止（冷蔵等）

チ　保管　原則禁止　例外　▶　PCB

積替え保管のみ
運搬先が定められている
適切に保管できる量以内
性状に変化のないうちに搬出

- 他の物と混合禁止　▶　仕切り等の措置

例外：
① Dx法ばいじん・燃え殻・汚泥（特管一廃とそれ以外）　▶　全量溶融又は焼成
② 感染性一廃と感染性産廃
③ 特管一廃の廃水銀と特管産廃の廃水銀等

種類に応じ必要な措置
① PCB使用部品　▶　腐食防止
② 廃水銀　▶　密封容器、飛散・流出・揮発防止、腐食防止
③ 特管ばいじん　▶　固化防止
④ 感染性一廃　▶　腐敗防止（冷蔵等）

場所
▶　周囲に囲い
（廃棄物荷重がかかる場合は構造耐力上安全なもの）
▶　積替保管場所表示の掲示板
○寸　法　・60cm×60cm以上
○表示内容　・保管一廃の種類(含石綿廃棄物)
・管理者氏名、名称、連絡先
・最大積上げ高さ(屋外保管、非容器)

必要な措置
▶　汚水対策　▶　必要な排水溝等、底面不浸透性材料
▶　屋外保管積上げ高さの制限（非容器）

```
                           ① 廃棄物が囲いに接しない場合
              ▲              囲いの下端から勾配50％以下
    ┌──────────────┐  ② 廃棄物が囲いに接する場合
    │飛散、流出、  │       囲いの内側２ｍは、囲い高さより50cm以下
    │地下浸透、悪  │       ２ｍ以上内側は、２ｍ線から勾配50％以下
    │臭防止        │
    └──────────────┘  ▶ 使用済自動車等の屋外保管高さ制限
                           ① 保管場所の囲いから３ｍ以内　３ｍ以内
                           ② 保管場所の囲いから３ｍ以上　4.5ｍ以内
                         ▶ 使用済自動車格納施設（構造耐力上安全）
                           落下により危害が生ずるおそれのない高さ
                         ▶ ねずみ、蚊、はえ、害虫の発生防止
```

処分・再生基準（埋立・海洋投入処分以外）【☞P.65参照】

```
┌──────────────────────┐
│人の健康・生活環境被害│ ▶ 防止
└──────────────────────┘
┌──────────────┐
│飛散、流出    │ ▶ 防止
└──────────────┘
┌──────────────┐
│悪臭、騒音、振動│ ▶ 生活環境保全上支障ない必要な措置
└──────────────┘
┌──────────────────┐
│収集・運搬施設設置│ ▶ 生活環境保全上支障ない必要な措置
└──────────────────┘

┌──────┐ ┌──────────────────────────────┐
│焼却  ├─┤特管一廃の焼却は焼却設備を用いる             │
└──────┘ │※　要構造基準に合致                          │
          └──────────────────────────────┘
              ┌──────────┐
              │焼却設備  │ ① 空気取入口、煙突先端のみ外気と接触
              │の構造    │   燃焼ガス温度800℃以上
              └──────────┘ ② 必要な量の空気の通風
                           ③ 廃棄物燃焼中、外気と遮断・定量供給
                           ④ 燃焼ガス温度測定装置
                           ⑤ 助燃装置

          ┌──────────────────────────────┐
          │環境大臣の定める方法で焼却：（H23.4.1環告29）  │
          └──────────────────────────────┘
              ┌──────────┐
              │焼却方法  │ ① 煙突の先端以外から、燃焼ガスの排出なし
              └──────────┘ ② 煙突の先端から、火炎、黒煙の排出なし
                           ③ 煙突から焼却灰、未燃物の飛散なし
```

熱分解 — 特管一廃熱分解は熱分解設備を用いる
※　要構造基準に合致

熱分解設備の構造
（炭化水素油・炭化物生成）

イ　熱分解室への空気流入防止
ロ　必要な温度・圧力保持
ハ　温度・圧力の定期的測定
ニ　残さを直ちに冷却
ホ　炭化水素油の未回収ガスの適正処理

（その他）　必要温度の適正保持、その他必要な措置

環境大臣の定める方法で熱分解：（H17.1.12環告1）

熱分解の方法
イ　排出口以外から、処理ガスの排出なし
ロ　排出口から、処理残さの飛散なし
ハ　排出口から火炎、黒煙の排出なし
ニ　発生ガス処理（生活環境保全上支障なし）
炭化水素油の生成等以外はイ、ロのみ

イ　保管

他の物と混合禁止　▶　仕切り等の措置

例外：
① Dx法ばいじん・燃え殻・汚泥（特管一廃とそれ以外）
　　▶　全量溶融又は焼成
② 感染性一廃と感染性産廃
③ 特管一廃の廃水銀と特管産廃の廃水銀等

種類に応じ必要な措置
① PCB使用部品　▶　腐食防止
② 廃水銀　▶　密封容器、飛散・流出・揮発防止、腐食防止
③ 特管ばいじん　▶　固化防止
④ 感染性一廃　▶　腐敗防止（冷蔵等）

場　　所
▶　周囲に囲い
（廃棄物荷重がかかる場合は構造耐力上安全なもの）
▶　処分のための保管場所表示の掲示板
○寸　　法　・60cm×60cm以上
○表示内容　・保管一廃の種類(含石綿廃棄物)
　　　　　　・管理者氏名、名称、連絡先
　　　　　　・最大積上げ高さ(屋外保管、非容器)

必要な措置　▶　汚水対策　▶　必要な排水溝等、底面不浸透性材料

　　　　　　　▶　屋外保管積上げ高さの制限（非容器）

　　　▲　　　①　廃棄物が囲いに接しない場合

　　　　　　　　　　囲いの下端から勾配50％以下

飛散、流出、　②　廃棄物が囲いに接する場合
地下浸透、悪
臭防止　　　　　　　囲いの内側 2 mは、囲い高さより50cm以下

　　　　　　　　　　2 m以上内側は、2 m線から勾配50％以下

　　　　　　　▶　ねずみ、蚊、はえ、害虫の発生防止

□　廃水銀等の処分・再生方法（H4.7.3厚告194）　　（H29.10.1から適用）

　├　精製施設で精製　▶　硫化（硫化水銀）

　　　　　十分な結合剤　▶　固化

特管ばいじんの処分・再生方法（H4.7.3厚告194）

　├　溶融　▶　溶融設備使用　▶　溶融固化

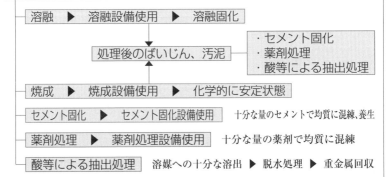

　　　　　　処理後のばいじん、汚泥　　・セメント固化
　　　　　　　　　　　　　　　　　　　　・薬剤処理
　　　　　　　　　　　　　　　　　　　　・酸等による抽出処理

　├　焼成　▶　焼成設備使用　▶　化学的に安定状態

　├　セメント固化　▶　セメント固化設備使用　十分な量のセメントで均質に混練、養生

　├　薬剤処理　▶　薬剤処理設備使用　十分な量の薬剤で均質に混練

　└　酸等による抽出処理　溶媒への十分な溶出　▶　脱水処理　▶　重金属回収

ハ　感染性一廃の処分・再生方法（H4.7.3厚告194）

　├　焼却　▶　焼却設備使用

　└　溶融　▶　溶融設備使用

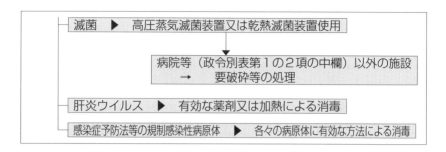

埋立処分基準【☞P.72参照】

> 特管一廃の埋立処分 ▶ 禁止 （政令第4条の2第3号）

海洋投入処分基準【☞P.71参照】

> 特管一廃の海洋投入処分 ▶ 禁止 （政令第4条の2第4号）

産 業 廃 棄 物 処 理 基 準

収集運搬基準【☞P.60参照】

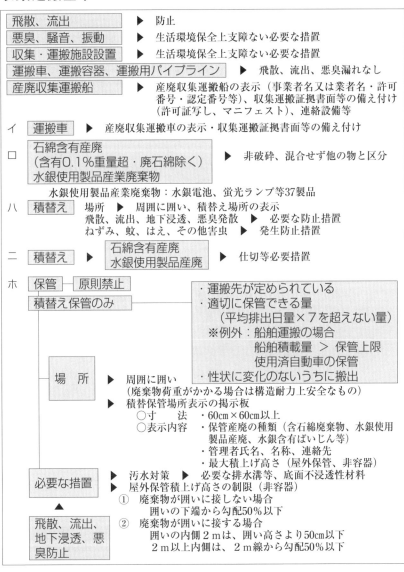

飛散、流出	▶	防止
悪臭、騒音、振動	▶	生活環境保全上支障ない必要な措置
収集・運搬施設設置	▶	生活環境保全上支障ない必要な措置
運搬車、運搬容器、運搬用パイプライン	▶	飛散、流出、悪臭漏れなし
産廃収集運搬船	▶	産廃収集運搬船の表示（事業者名又は業者名・許可番号・認定番号等）、収集運搬証拠書面等の備え付け（許可証写し、マニフェスト）、連絡設備等

イ　運搬車　▶　産廃収集運搬車の表示・収集運搬証拠書面等の備え付け

ロ　石綿含有産廃
（含有0.1%重量超・廃石綿除く）　　▶　非破砕、混合せず他の物と区分
水銀使用製品産業廃棄物

　　　　水銀使用製品産業廃棄物：水銀電池、蛍光ランプ等37製品

ハ　積替え　場所　▶　周囲に囲い、積替え場所の表示
　　　　　　飛散、流出、地下浸透、悪臭発散　▶　必要な防止措置
　　　　　　ねずみ、蚊、はえ、その他害虫　▶　発生防止措置

ニ　積替え　▶　石綿含有産廃
　　　　　　　　水銀使用製品産廃　▶　仕切等必要措置

ホ　保管—原則禁止
　　積替え保管のみ
　　　　　・運搬先が定められている
　　　　　・適切に保管できる量
　　　　　　（平均排出日量×7を超えない量）
　　　　　　※例外：船舶運搬の場合
　　　　　　　　　　　船舶積載量 ＞ 保管上限
　　　　　　　　　　　使用済自動車の保管
　　　　　・性状に変化のないうちに搬出

　　場　所　▶　周囲に囲い
　　　　　　　　（廃棄物荷重がかかる場合は構造耐力上安全なもの）
　　　　　　▶　積替保管場所表示の掲示板
　　　　　　　　○寸　　法　・60㎝×60㎝以上
　　　　　　　　○表示内容　・保管産廃の種類（含石綿廃棄物、水銀使用製品産廃、水銀含有ばいじん等）
　　　　　　　　　　　　　　・管理者氏名、名称、連絡先
　　　　　　　　　　　　　　・最大積上げ高さ（屋外保管、非容器）

　　必要な措置　▶　汚水対策　▶　必要な排水溝等、底面不浸透性材料
　　　　　　　　▶　屋外保管積上げ高さの制限（非容器）
　　　　　　　　①　廃棄物が囲いに接しない場合
　　　　　　　　　　囲いの下端から勾配50%以下
　　　　　　　　②　廃棄物が囲いに接する場合
　　　　　　　　　　囲いの内側2ｍは、囲い高さより50㎝以下
　　　　　　　　　　2ｍ以上内側は、2ｍ線から勾配50%以下

　　飛散、流出、地下浸透、悪臭防止

▶　使用済自動車等の屋外保管高さ制限
① 　保管場所の囲いから３m以内　　３m以内
② 　保管場所の囲いから３m以上　　4.5m以内
▶　使用済自動車格納施設（構造耐力上安全）
落下により危害が生ずるおそれのない高さ
▶　ねずみ、蚊、はえ、害虫の発生防止

ヘ　| 石綿含有産廃 水銀使用製品産廃 | ▶ | 保管 | ▶ | 仕切等必要措置運搬先が定められている |

処分・再生基準（埋立・海洋投入処分以外）【☞P.65参照】

イ　| 飛散、流出 | ▶ | 防止 |
　　| 悪臭、騒音、振動 | ▶ | 生活環境保全上支障ない必要な措置 |
　　| 収集・運搬施設設置 | ▶ | 生活環境保全上支障ない必要な措置 |

| 焼却 |

　| 産廃の焼却は焼却設備を用いる ※　要構造基準に合致 |

　　| 焼却設備 の構造 |
① 　空気取入口、煙突先端のみ外気と接触
　　　　　燃焼ガス温度800℃以上
② 　必要な量の空気の通風
③ 　廃棄物燃焼中、外気と遮断・定量供給
④ 　燃焼ガス温度測定装置
⑤ 　助燃装置

　| 環境大臣の定める方法で焼却：(H23.4.1環告29) |

　　| 焼却方法 |
① 　煙突の先端以外から、燃焼ガスの排出なし
② 　煙突の先端から、火炎、黒煙の排出なし
③ 　煙突から焼却灰、未燃物の飛散なし

| 熱分解 |
　| 産廃熱分解は熱分解設備を用いる ※　要構造基準に合致 |

　　| 熱分解設備の構 造 （炭化水素油・炭 化物生成） |
イ　熱分解室への空気流入防止
ロ　必要な温度・圧力保持
ハ　温度・圧力の定期的測定
ニ　残さを直ちに冷却
ホ　炭化水素油の未回収ガスの適正処理

　　| （その他） | 必要温度の適正保持、その他必要な措置 |

環境大臣の定める方法で熱分解：(H17.1.12環告1)

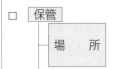

熱分解
の方法

イ　排出口以外から、処理ガスの排出なし
ロ　排出口から、処理残さの飛散なし
ハ　排出口から火炎、黒煙の排出なし
ニ　発生ガス処理（生活環境保全上支障なし）
炭化水素油の生成等以外はイ、ロのみ

□　保管

場　　所

▶　周囲に囲い
　　（廃棄物荷重がかかる場合は構造耐力上安全なもの）
▶　処分のための保管場所表示の掲示板
　　○寸　　法　・60cm×60cm以上
　　○表示内容　・保管産廃の種類(含石綿廃棄物、水銀使
　　　　　　　　　用製品産廃、水銀含有ばいじん等)
　　　　　　　　・管理者氏名、名称、連絡先
　　　　　　　　・最大積上げ高さ(屋外保管、非容器)

必要な措
置

▲

飛散、流
出、地下
浸透、悪
臭防止

▶　汚水対策　▶　必要な排水溝等、底面不浸透性材料
▶　屋外保管積上げ高さの制限（非容器）
　①　廃棄物が囲いに接しない場合
　　　　　囲いの下端から勾配50%以下
　②　廃棄物が囲いに接する場合
　　　　　囲いの内側2mは、囲い高さより50cm以下
　　　　　2m以上内側は、2m線から勾配50%以下
▶　使用済自動車等の屋外保管高さ制限
　①　保管場所の囲いから3m以内　3m以内
　②　保管場所の囲いから3m以上　4.5m以内
▶　使用済自動車格納施設（構造耐力上安全）
　　　　　落下により危害が生ずるおそれのない高さ
▶　ねずみ、蚊、はえ、害虫の発生防止

保管期間　▶　適正な処分、再生にやむを得ない期間以上の保管禁止

保管数量　▶　1日の処理能力×14を超えない
　　　　　　（保管産廃と同質の一廃を含む。法15条の2の5参照）
※例外
▶船舶：船舶積載量＋基本数量（保管上限）×1／2
　定期点検等：1日処理能力×点検日数＋基本数量×1／2
　　　　　　　点検終了後60日猶予
　廃プラスチック類の処分・再生（優良産廃処分業者）：
　　　　　　　1日処理能力×28
　がれき類等の再生(木くず、コンクリート破片・石綿含有除く)
　　　　　　：1日処理能力×28（※1）
　　　　　　　（アスファルト、コンクリート片）：1日処理
　　　　　　　能力×70（※2）
　（ただし、新型インフルでやむを得ない場合は、※1＝28
　→49、※2＝70→91）
　汚泥、安定型産廃、鉱さい、ばいじんの処分再生で、新型
　インフルでやむを得ない（優良産廃処分業者）：1日処理
　　　　　　　能力×35
　豪雪期の廃タイヤ：1日処理能力×60
　使用済自動車等：保管できる高さ制限内の数量

ハ　特定家庭用機器産廃　▶　環境大臣の定める方法で再生・処分
　　　　　　　　　　　　　（H11.6.23厚告148）

① 特定家庭用機器一廃（産廃）：
　　鉄、アルミニウム、銅、プラスチック　▶　使用部品を分離等回収
②③ 廃テレビジョン受信機（ブラウン管式）：
　　ブラウン管のガラス　▶　前面部、側面部に分割　▶　カレット原料
　　プリント配線板の変圧器等の電源回路等部品　▶　溶融加工　▶　金属回収
④ 廃テレビジョン受信機（液晶式）：
　　蛍光管の水銀等　▶　破砕　▶　薬剤処理で安定又はばい焼回収
　　液晶パネルの砒素等　▶　溶融・焼成　▶　薬剤処理で安定又は溶媒抽出回収等
⑤ 廃エアコンディショナー、廃電気冷蔵庫、廃電気冷凍庫、廃電気洗
　濯機、廃衣類乾燥機：
　　冷媒使用　▶　ハイドロフルオロカーボン回収
⑥ 廃電気冷蔵庫、廃電気冷凍庫：
　　断熱材　▶　ハイドロフルオロカーボン回収
　　　　　　▶　断熱材分離　▶　他製品原材料
　　　　　　▶　焼却

ニ　石綿含有産廃　▶　保管　▶　仕切等必要措置
　　▼　　　　（H18.7.27環告102）

・破砕、切断（収集運搬）　▶　湿潤化
・環境大臣の定める方法で再生・処分
　① 溶融処理（赤面検出なし）
　② 無害化処理認定
　③ 市町村実施（他者へ委託を含む）　▶　維持管理の技術上基準
　　遵守
　④ ①～③施設投入のため、破砕・切断　▶　技術上基準、維持
　　管理基準の遵守　　　　　　　　　　　　（H29.10.1から適用）

ホ　水銀使用製品産廃
　　水銀含有ばいじん等（ばいじん、燃え殻、汚泥、鉱さい　15mg/kg超）
　　　　　　　　　　　（廃酸、廃アルカリ　15mg/ℓ超）
　　　　　　　▼
(1) 大気中に飛散しない必要措置
(2) 相当の割合以上含有　▶　ばい焼等回収施設であらかじめ水銀回収
　①水銀使用製品（気圧計、温度計など24製品）
　　スイッチ及びリレー、気圧計、湿度計、液柱形圧力計、弾性圧力
　　計、圧力伝送器、真空計、ガラス製温度計、水銀充満圧力式温度
　　計、水銀体温計、水銀式血圧計、灯台の回転装置、水銀トリム・
　　ヒール調整装置、放電管（放電ランプを除く）、差圧式流量計、
　　浮ひょう形密度計、傾斜計、積算時間計、容積形力計、ひずみゲー
　　ジ式センサ、滴下水銀電極、電量計、ジャイロコンパス、握力計
　②ばいじん、燃え殻、汚泥、鉱さい　1000mg/kg以上
　　廃酸、廃アルカリ　1000mg/ℓ
(3) 保管　▶　仕切り等必要措置

埋立処分基準【☞P.67参照】

飛散、流出	▶	防止（ルの大気中飛散の防止は適用せず）
悪臭、騒音、振動	▶	生活環境保全上支障ない必要な措置
収集・運搬施設設置	▶	生活環境保全上支障ない必要な措置
ねずみ、蚊、はえ、害虫	▶	発生させない
埋立処分終了	▶	表面を土砂で覆土（生活環境の保全のため）

イ　地中空間利用処分の禁止

　　例外：安定型産廃

① 廃プラスチック
　　※　自動車等破砕物（自動車の窓ガラス、バンパー、タイヤ以外のもの）、鉛はんだ使用廃プリント配線板、廃容器包装不要物（有害物質、有機物質付着、以下同じ。）を除く
② ゴムくず
③ 金属くず
　　※　自動車等破砕物、鉛はんだ使用廃プリント配線板、鉛蓄電池の電極不要物、鉛管・鉛板不要物、廃容器包装不要物を除く
④ ガラスくず、コンクリートくず、陶磁器くず
　　※　自動車等破砕物、廃ブラウン管側面部、廃石膏ボード、廃容器包装不要物を除く
⑤ 工作物の新築・除去等のコンクリートの破片等（がれき類）
⑥ 石綿溶融物、無害化処理物（H18.7.27環告105）

ロ　安定型産廃最終処分場

　　├─ 安定型産廃以外を混入、付着させない

　　├─ 工作物の除去等の産廃 ─── 十分な選別と分別により、熱しゃく減量5％以下とした後に埋立

　　　　　　　　（H10.6.16環告34）

ハ　周囲に囲い
　　産廃処分場所の表示

ニ | 有害な産廃の埋立地（特管産廃でないもの）
→ 有害な産廃処分場所の表示
公共水域地下水 | 遮断された場所で埋立処分

特管でない燃え殻、ばいじん（処理したもの含む）で、水銀、カドミ、鉛、六価クロム、砒素、セレン、ジオキサン判定基準以上

特管でない汚泥（処理したものを含む）で、水銀、カドミ、鉛、有機燐、六価クロム、砒素、PCB、セレン、ジオキサン、シアン判定基準以上

ホ | 有害でない産廃埋立　　ニ以外　※　既設処分場にも適用

浸出液による汚染防止措置　▶　公共の水域、地下水

必要設備
① 保有水・雨水等を防止する遮水工（不透水性の地層除く）
② 保有水等集排水設備（必要措置講じられた場合を除く）
③ 浸出液処理設備（十分な容量の耐水構造の貯留槽と同等の水処理施設、及び、埋立終了後、安定・水処理なく放流できる状態を除く）
④ 地表水開口部から流入防止させる開渠

放流水・周縁地下水の水質
イ　放流水基準　▶　適合
・最終処分基準省令別表1
・ダイオキシン類許容基準
ロ　周辺地下水水質の悪化（最終処分基準省令別表2不適合ダイオキシン類汚染等）
▶　必要な措置

安定型産廃のみの処分場からの浸透水
基準　▶　適合
① 最終処分基準省令別表2
② BOD20mg/ℓ、COD40mg/ℓ以下
▶　測定回数
① 年1回
② 月1回（埋立終了後3月1回）

※　ハ～ホの基準は、特別管理産業廃棄物には適用されない。

個別埋立処分基準【☞P.68参照】　　※ 特別管理産業廃棄物は別基準適用

ヘ　汚泥（水面埋立を除く）─① 焼却・熱分解
　　　　　　　　　　　　　　② 含水率85％以下

ト　有機性下水汚泥（水面埋立）▶ あらかじめ焼却・熱分解（例外：消化汚泥）

チ　廃油 ▶ あらかじめ焼却・熱分解（タールピッチは除く）

リ　廃プラスチック　　　　① 中空でないこと、最大径おおむね
　　（石綿含有産廃、水銀　　　15㎝以下に破砕
　　使用製品産廃なし）　　② 溶融又は焼却・熱分解

ヌ　ゴムくず─① 最大径おおむね15㎝以下に破砕
　　　　　　　② 焼却・熱分解

ル　ばいじん・燃　ハ～ホ、ヨ
　　え殻又はその　① 大気中への飛散防止 ▶ 水分添加、固形化、梱包等
　　処理物　　　② 運搬車付着飛散防止 ▶ 当該運搬車洗浄等
　　　　　　　　③ 埋立地以外に飛散・流出防止 ▶ 表面土砂覆い等

ヲ　腐敗物
　　① 有機性汚泥　　　○ 一層3m以下　　一層ごと表面土砂
　　② 動植物性残さ　　○ 40％が腐敗物の場合　50㎝の覆土
　　③ 動物系固形不要物　　一層50㎝以下
　　④ 家畜ふん尿
　　⑤ 動物の死体　　対象外─・熱しゃく減量15％以下に焼
　　⑥ ①～⑤の処理物　　　　　却したもの
　　　　　　　　　　　　　　・コンクリート固型化したもの
　　　　　　　　　　　　　　・小規模埋立

ワ　廃酸　　　埋立禁止
　　廃アルカリ

カ　特定家庭用機器産廃 ▶ 環境大臣の定める方法で再生・処分
　　　　　　　　　　　　　（H11.6.23厚告148）

① 特定家庭用機器一廃（産廃）：
　　鉄、アルミニウム、銅、プラスチック ▶ 使用部品を分離等回収

②③　廃テレビジョン受信機（ブラウン管式）：

　　ブラウン管のガラス　▶　前面部、側面部に分割　▶　カレット原料

　　プリント配線板の変圧器等の電源回路等部品　▶　溶融加工　▶　金属回収

④　廃テレビジョン受信機（液晶式）：

　　蛍光管の水銀等　▶　破砕　▶　薬剤処理で安定又はばい焼回収

　　液晶パネルの砒素等　▶　溶融・焼成　▶　薬剤処理で安定又は溶媒抽出回収等

⑤　廃エアコンディショナー、廃電気冷蔵庫、廃電気冷凍庫、廃電気洗濯機、廃衣類乾燥機：

　　冷媒使用　▶　ハイドロフルオロカーボン回収

⑥　廃電気冷蔵庫、廃電気冷凍庫：

　　断熱材　▶　ハイドロフルオロカーボン回収

　　　　　　▶　断熱材分離　▶　他製品原材料

　　　　　　▶　焼却

ヨ　　石綿含有産廃の埋立処分　▶　最終処分場の一定の場所、分散しない

　　　　　　　　　　　　　　　▶　飛散・流出なし、表面を土砂で覆い

タ　水銀基準不適合　①　燃え殻　②　ばいじん　③　汚泥　④　①〜③の処理物 ┐
　　　　　　　　　　　　　　　　　　　　　　　　　　　　　　　　　　　　├ 基準に適合させる 固型化 ─ 埋立
レ　汚泥・処理物（シアン基準不適合） ┘

ソ　汚泥（トリクロ〜ベンゼン基準不適合）※政令別表5の9〜22、24項の物質 ─ 基準に適合させる ─ 埋立

ツ　感染性産廃 ─ 焼却、溶融、滅菌、消毒（平成4.7.3環告42） ─ 埋立

ネ　廃PCB等　PCB汚染物　PCB処理物 ─ 処分・再生後の廃棄物（焼却除く）─ 基準に適合させる ─ 埋立
ナ
ラ

（平成4.7.3環告42）

ム　廃石綿　▶　処分・再生による廃棄物（H4.7.3環告42）

　　① 溶融処理生成物　▶　基準適合（石綿検出なし）
　　② 溶融で発生したばいじん　▶　溶融・基準適合又はセメント固化
　　③ 無害化処理生成物　▶　基準適合
　　④ 無害化処理発生ばいじん　▶　無害化・基準適合又はセメント固化

石綿含有産廃　▶　処分・再生による廃棄物
　　　　　　　　　　　　　　　　　　（H4.7.3環告42）

　　① 溶融処理生成物　▶　基準適合（石綿検出なし）
　　② 溶融で発生したばいじん　▶　溶融・基準適合又はセメント固化
　　③ 無害化処理生成物　▶　基準適合
　　④ 無害化処理発生ばいじん　▶　無害化・基準適合又はセメント固化
　　⑤ 破砕に伴う粉じん　▶　溶融・基準適合又はセメント固化
　　⑥ 〃　▶　無害化・基準適合又はセメント固化

ウ　ハ～ムの基準：特別管理産業廃棄物であるものには適用しない。

海洋投入処分基準【☞P.71参照】※ 特別管理産業廃棄物を除く国内発生廃棄物に限る

イ　投入処分可能産廃　⇨　判定基準適合物

　　農産物原料の食品等の製造工程有機汚泥
　　赤泥
　　建設汚泥
　　農産物原料の食品等の製造工程廃酸、廃アルカリ
　　動植物性残さ　▶　摩砕かつ油分除去
　　家畜ふん尿　▶　浮遊性のきょう雑物除去

　　　　　　　　　▼

　　埋立処分に支障がないものは海洋投入処分しない

ロ　飛散、流出　▶　防止

　　悪臭、騒音、振動　▶　生活環境保全上支障ない必要な措置

　　収集・運搬施設設置　▶　生活環境保全上支障ない必要な措置

特別管理産業廃棄物処理基準

収集運搬基準【☞P.60、P.63参照】

飛散、流出	▶ 防止
悪臭、騒音、振動	▶ 生活環境保全上支障ない必要な措置
収集・運搬施設設置	▶ 生活環境保全上支障ない必要な措置
収集・運搬施設(船舶)	▶ 産廃収集船の表示、収集運搬証拠書面
運搬車	▶ 特管産廃収集車の表示、収集運搬証拠書面
人の健康・生活環境被害	▶ 防止

他の物との混合禁止
混合可能
① Dx法ばいじん・燃え殻・汚泥（特管一廃とそれ以外）▶ 全量溶融又は焼成
② 感染性一廃と感染性産廃
③ 特管一廃と特管産廃の廃水銀等
④ 基準適合水銀処理物（産廃と一廃）

運搬車、運搬容器 ▶ 飛散、流出、悪臭漏れのないものを使用

運搬用パイプライン ── 禁 止 例外：危険物の規制に関する政令の移送取扱所

収集運搬者　扱い物の種類　文書に記載し携帯
　　　　　　取り扱う際の注意　例外：運搬容器に表示されている場合

イ　感染性産廃 ▶ 運搬容器に収納
　　廃PCB等、汚染物、処理物　運搬容器
　　廃水銀等
① 密閉、PCB漏洩防止措置
② 収納しやすい
③ 損傷しにくい

ロ　積替え──飛散、流出、地下浸透、悪臭発散 ▶ 必要な防止措置
　　　　　　ねずみ、蚊、はえ、その他害虫 ▶ 発生防止措置

　　　　場所 ▶ 周囲に囲い、積替え場所の表示── 場所表示
　　　　　　　　　　　　　　　　　　　　　　　　特管産廃の種類

　　　　　　　　　　　　　　　　　　　　　── 管理者・氏名又は名称
　　　　　　　　　　　　　　　　　　　　　　　　　　・連絡先

　　　他の物と混合禁止 ▶ 仕切り等の措置

　　　　例外：混合可能── 感染性一廃と感染性産廃
　　　　　　　　　　　　　特管一廃と特管産廃の廃水銀等
　　　　　　　　　　　　　基準不適合水銀処理物（特管産廃と特管一廃）
　　　　　　　　　　　　　基準適合水銀処理物（産廃と一廃）

八　保管──原則禁止　例外　▶　廃PCB、PCB汚染物、PCB処理物

積替え保管のみ

> 運搬先が定められている
> 適切に保管できる量以内
> （平均搬出日量×７）例外：船舶積載量
> 性状に変化のないうちに搬出

場　所

- ▶　周囲に囲い
  （廃棄物荷重がかかる場合は構造耐力上安全なもの）
- ▶　積替保管場所表示の掲示板
  - ○寸　法　・60cm×60cm以上
  - ○表示内容　・保管特管産廃の種類
    - ・管理者氏名、名称、連絡先
    - ・最大積上げ高さ（屋外保管、非容器）

必要な措置

- ▶　汚水対策　▶　必要な排水溝等、底面不浸透性材料
- ▶　屋外保管積上げ高さの制限（非容器）
  - ①　廃棄物が囲いに接しない場合
    囲いの下端から勾配50％以下

▲

飛散、流出、地下浸透、悪臭防止

  - ②　廃棄物が囲いに接する場合
    囲いの内側２mは、囲い高さより50cm以下
    ２m以上内側は、２m線から勾配50％以下
- ▶　その他必要措置
- ▶　ねずみ、蚊、はえ、害虫の発生防止

特管産廃の個別必要措置

- ▶　廃油→　密封（揮発防止）、高温防止
- ▶　PCB汚染物、PCB処理物→　密封（揮発防止）、高温防止、腐食防止
- ▶　PCB処理物（廃蛍光灯ランプ用安定器、廃水銀ランプ用安定器、廃ナトリウムランプ用安定器）→　形状変更しないこと
- ▶　廃水銀等→　密閉容器、飛散・流出・揮発防止、腐食防止
- ▶　腐敗するおそれのある物→　腐敗防止（密封等）

処分・再生基準（埋立・海洋投入処分以外）【☞P.65、P.73参照】

飛散、流出	▶	防止
悪臭、騒音、振動	▶	生活環境保全上支障ない必要な措置
収集・運搬施設設置	▶	生活環境保全上支障ない必要な措置
人の健康・生活環境被害	▶	防止

焼却　特管産廃の焼却は焼却設備を用いる
※　要構造基準に合致

焼却設備の構造
① 空気取入口、煙突先端のみ外気と接触
　燃焼ガス温度800℃以上
② 必要な量の空気の通風
③ 廃棄物燃焼中、外気と遮断・定量供給
④ 燃焼ガス温度測定装置
⑤ 助燃装置

環境大臣の定める方法で焼却：(H23.4.1環告29)

焼却方法
① 煙突の先端以外から、燃焼ガスの排出なし
② 煙突の先端から、火炎、黒煙の排出なし
③ 煙突から焼却灰、未燃物の飛散なし

熱分解　特管産廃熱分解は熱分解設備を用いる
※　要構造基準に合致

熱分解設備の構造（炭化水素油・炭化物生成）
イ 熱分解室への空気流入防止
ロ 必要な温度・圧力保持
ハ 温度・圧力の定期的測定
ニ 残さを直ちに冷却
ホ 炭化水素油の未回収ガスの適正処理

（その他） 必要温度の適正保持、その他必要な措置

環境大臣の定める方法で熱分解：(H17.1.12環告1)

熱分解の方法
イ 排出口以外から、処理ガスの排出なし
ロ 排出口から、処理残さの飛散なし
ハ 排出口から火炎、黒煙の排出なし
ニ 発生ガス処理（生活環境保全上支障なし）
炭化水素油の生成等以外はイ、ロのみ

特管産廃の処分・再生の方法（平成4.7.3厚告194）

イ　廃油	イ　焼却設備で焼却 ロ　蒸留設備等で再生、再生廃棄物が燃焼しにくい
ロ　廃酸・廃アルカリ	イ　中和設備で中和 ロ　焼却設備で焼却 ハ　イオン交換設備等で再生
ハ　感染性産業廃棄物	イ　焼却設備で焼却 ロ　溶融設備で溶融 ハ　高圧蒸気滅菌又は乾熱滅菌 ニ　消毒（対肝炎ウイルス）＋　破砕 ホ　感染症予防法による有効な方法で消毒
ニ　廃PCB	①焼却 ②分解　イ　脱塩素化反応による分解 　　　　ロ　水熱酸化反応による分解 　　　　ハ　熱化学反応による分解 　　　　ニ　光化学反応による分解 　　　　ホ　プラズマ反応による分解
ホ　PCB汚染物	①焼却
汚泥、紙、木、繊維くず	②分解　イ　水熱酸化反応による分解 　　　　ロ　熱化学反応による分解 　　　　ハ　機械化学反応による分解 　　　　ニ　溶融反応による分解 ③除去　ホ　溶剤洗浄による除去 　　　　ヘ　分離設備による除去
廃プラ、金属、陶磁器くず、がれき類	②分解　イ　水熱酸化反応による分解 　　　　ロ　熱化学反応による分解 　　　　ハ　機械化学反応による分解 　　　　ニ　溶融反応による分解 ③除去　ホ　洗浄設備による除去 　　　　ヘ　分離設備による除去
ヘ　PCB処理物	①焼却
廃油、廃酸、廃アルカリ	②分解　イ　脱塩素化反応による分解 　　　　ロ　水熱酸化反応による分解 　　　　ハ　熱化学反応による分解 　　　　ニ　光化学反応による分解 　　　　ホ　プラズマ反応による分解

	汚泥、紙、木、繊維くず、 廃プラ、金属、陶磁器くず、 がれき類	②分解	イ	水熱酸化反応による分解
			ロ	熱化学反応による分解
			ハ	機械化学反応による分解
			ニ	溶融反応による分解
		③除去	ホ	溶剤洗浄による除去
			ヘ	分離設備による除去
	その他	②分解	イ	水熱酸化反応による分解
			ロ	熱化学反応による分解
			ハ	機械化学反応による分解
			ニ	溶融反応による分解
			ホ	無害化処理認定による処理
ト	廃石綿等	イ	溶融処理で石綿検出なし	
		ロ	無害化処理（認定）	
チ	水銀含有ばいじん 鉱さい、ばいじん、汚泥（15 mg/kg以上） 廃酸、廃アルカリ（15mg/ℓ以 上）で水銀不適合	⑴	大気中に飛散しない必要措置	
		⑵	相当割合以上含有のものは、あらかじめ 水銀回収	
		①	水銀使用製品（気圧計、湿度計など24 種類)	
		②	ばいじん、燃え殻、汚泥、鉱さい1000 mg/kg以上	
		③	廃酸、廃アルカリ1000mg/ℓ以上	

リ　保管　処理施設で処分・再生を行うためにやむを得ない期間以内
　　　　　　数量：1日処理能力×14以内
　　　　　　（特管産廃と同質の特管一廃を含む。法15条の2の5参照）

他の物と混合禁止　▶　仕切り等の措置

例外：混合可能　感染性一廃と感染性産廃
　　　　　　　　　特管一廃と特管産廃の廃水銀等
　　　　　　　　　基準不適合水銀処理物（特管産廃と特管一廃）
　　　　　　　　　基準適合水銀処理物（産廃と一廃）

場　所
▶　周囲に囲い
　　（廃棄物荷重がかかる場合は構造耐力上安全なもの）
▶　積替保管場所表示の掲示板
　　○寸　　法　・60cm×60cm以上
　　○表示内容　・保管特管産廃の種類
　　　　　　　　・管理者氏名、名称、連絡先
　　　　　　　　・最大積上げ高さ(屋外保管、非容器)

必要な措置
▶　汚水対策　▶　必要な排水溝等、底面不浸透性材料
▶　屋外保管積上げ高さの制限（非容器）
　① 廃棄物が囲いに接しない場合
　　　囲いの下端から勾配50％以下

飛散、流出、地下浸透、悪臭防止
　② 廃棄物が囲いに接する場合
　　　囲いの内側2mは、囲い高さより50cm以下
　　　2m以上内側は、2m線から勾配50％以下
▶　その他必要措置
▶　ねずみ、蚊、はえ、害虫の発生防止

特管産廃の個別必要措置
▶　廃油→　密封（揮発防止）、高温防止
▶　PCB汚染物、PCB処理物→　密封（揮発防止）、高温防止、腐食防止
▶　PCB処理物（廃蛍光灯ランプ用安定器、廃水銀ランプ用安定器、廃ナトリウム用安定器）→　形状変更しないこと
▶　廃水銀等→　密閉容器、飛散・流出・揮発防止、腐食防止
▶　腐敗するおそれのある物→　腐敗防止（密封等）

埋立処分基準

飛散、流出	▶	防止（夕の大気中への飛散防止は適用せず）
悪臭、騒音、振動	▶	生活環境保全上支障ない必要な措置
収集・運搬施設設置	▶	生活環境保全上支障ない必要な措置
ねずみ、蚊、はえ、害虫	▶	発生させない
地中空間利用処分の禁止		
埋立処分終了	▶	表面を土砂で覆土（生活環境の保全のため）
人の健康・生活環境被害	▶	防止

イ　周囲に囲いを設置

特管産廃処分場所の表示

有害燃え殻、有害ばいじん、有害汚泥、有害鉱さい ── 有害特管産廃処分場所の表示

ロ　遮断型構造処分場　▶　公共の水域、地下水と遮断

ハ　有害特管産廃以外の特管産廃

浸出液による汚染防止措置　▶　公共の水域、地下水

必要設備
① 保有水・雨水等を防止する遮水工（不透水性の地層除く）
② 保有水等集排水設備（必要な措置を講じられた場合を除く）
③ 浸出液処理設備（十分な容量の耐水構造の貯留槽と同等の水処理施設、及び、埋立終了後、安定・水処理なく放流できる状態を除く）
④ 地表水開口部から流入防止させる開渠

放流水・周縁地下水の水質
イ　放流水基準　▶　適合
　・最終処分基準省令別表１
　・ダイオキシン類許容基準
ロ　周辺地下水水質の悪化（最終処分基準省令別表２不適合ダイオキシン類汚染等）
　▶　必要な措置

個別埋立処分基準

ニ　特管廃油（廃溶剤）── あらかじめ焼却・熱分解

- ◆トリクロロエチレン
- ◆ジクロロメタン
- ◆1,2－ジクロロエタン
- ◆シス1,2－ジクロロエチレン
- ◆1,1,2－トリクロロエタン
- ◆ベンゼン
- ◆テトラクロロエチレン
- ◆四塩化炭素
- ◆1,1－ジクロロエチレン
- ◆1,1,1－トリクロロエタン
- ◆1,3－ジクロロプロペン
- ◆1,4－ジオキサン

ホ　特管廃酸
ヘ　特管廃アルカリ ── 埋立禁止
ト　感染性産廃

チ　廃PCB等 ── あらかじめ焼却　→　判定基準に適合させる

リ　PCB汚染物
ヌ　PCB処理物
- ①　PCB除去（洗浄液が検出限界以下）
- ②　あらかじめ焼却　→　判定基準に適合させる

①、②が困難な場合　→　環境大臣の定める方法

ル　廃水銀等 ── あらかじめ硫化＋固形化

ヲ　処理廃水銀等（基準適合）
- (1)　水面埋立禁止
- (2)　①管理型処分場で、一定の場所、分散しない
　　　②他の廃棄物と区分、混合しない
　　　③流出しない措置
　　　④雨水浸入しない

ワ　廃石綿
- ①　耐水性材料で二重梱包
- ②　固型化

注：処分場内一定の場所で分散しないこと。

カ〜ナ　通常産廃と同基準適用　▶　判定基準以下であれば管理型埋立処分場へ

カ　特管汚泥の埋立処分
- ①　焼却・熱分解
- ②　含水率85％以下（水面埋立は除く）

ヨ　特管有機性汚泥の水面埋立 ── あらかじめ焼却・熱分解（消化汚泥等を除く）

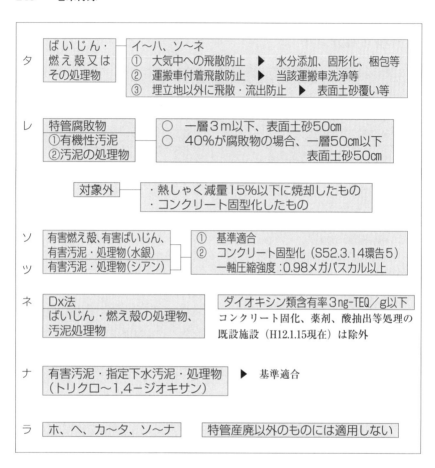

タ	ばいじん・燃え殻又はその処理物	イ〜ハ、ソ〜ネ① 大気中への飛散防止 ▶ 水分添加、固形化、梱包等② 運搬車付着飛散防止 ▶ 当該運搬車洗浄等③ 埋立地以外に飛散・流出防止 ▶ 表面土砂覆い等
レ	特管腐敗物①有機性汚泥②汚泥の処理物	○ 一層3m以下、表面土砂50cm○ 40%が腐敗物の場合、一層50cm以下　　　　　　　　　　　　　表面土砂50cm
	対象外	・熱しゃく減量15%以下に焼却したもの・コンクリート固型化したもの
ソ　ツ	有害燃え殻、有害ばいじん、有害汚泥・処理物(水銀)有害汚泥・処理物(シアン)	① 基準適合② コンクリート固型化 (S52.3.14環告5)一軸圧縮強度：0.98メガパスカル以上
ネ	Dx法ばいじん・燃え殻の処理物、汚泥処理物	ダイオキシン類含有率3ng-TEQ／g以下コンクリート固化、薬剤、酸抽出等処理の既設施設 (H12.1.15現在) は除外
ナ	有害汚泥・指定下水汚泥・処理物(トリクロ〜1,4−ジオキサン)	▶ 基準適合
ラ	ホ、ヘ、カ〜タ、ソ〜ナ	特管産廃以外のものには適用しない

海洋投入処分基準

特管産廃の海洋投入処分	▶ 禁止

一般廃棄物処理施設の技術上の基準

（省令第４条）

共通基準

①	構造耐力上安全	④	飛散、悪臭の防止
	（②削除）	⑤	著しい騒音、振動防止
③	腐食防止措置	⑥	汚水、廃液の漏出、地下浸透防止

ごみ処理施設【☞P.127参照】

⑦ 焼却施設（ガス化改質方式以外）		イ	供給設備	外気遮断状態、定量連続投入供給設備 （除外：ガス化燃焼方式、２t/h未満） （熱回収設備の場合は、外気遮断のみ）
		ロ	燃焼室	(1) 燃焼ガス温度800℃以上 (2) ガス800℃以上保持、２秒以上滞留 (3) 外気と遮断 (4) 速やかに(1)温度上昇、保持助燃設備 (5) 供給空気調節装置（調節機能有のみ）
		ハ	測定・記録	燃焼ガス温度の連続測定、記録装置
		ニ	冷却設備	集じん機流入ガス200℃以下に冷却
		ホ	〃	燃焼ガス温度の連続測定、記録装置
		ヘ	排ガス処理施設　▶　ばいじん除去高度機能	
		ト	排ガスCO濃度連続測定・記録装置	
		チ	ばいじん分離ција灰出し設備、貯留設備（除外：溶融、焼成処理）	
		リ	灰出し設備	(1) ばいじん、焼却灰の飛散流出なし (2) 溶融加工▶融点以上の温度 　　　〃　　▶排ガス処理設備 (3) 焼成　　　▶1,000℃以上の温度 　　　〃　　▶温度連続測定、記録 　　　〃　　▶排ガス処理設備 (4) セメント固化・薬剤処理▶混練装置 　　セメント（薬剤）＋水　▶均一に混合
	固形燃料（廃棄物を原材料と	ヌ	受入設備	▶湿潤状態にならない必要措置
		ル	保管設備	▶(1) 湿潤状態にならない必要措置 (2) 常時換気 (3) 散水、消火栓等消火設備
		ヲ	閉鎖場所に保管（サイロ等）（カを除く）	(1) 温度、CO濃度連続測定、記録装置 (2) 異常事態▶固形燃料取出構造 　　　〃　　▶不活性ガス封入装置など発火 　　　　　　　防止装置
		ワ	外気開放場に保管（ピット等） 数量▶７日超又は	(1) 表面温度連続監視装置 (2) 設備内連続測定・記録装置

して成形		1日処理能力×7超			
		カ　閉鎖場所に保管（サイロ等）数量▶7日超又は1日処理能力×7超	(1)　湿潤状態にならない必要措置 (2)　酸化による発熱、発生熱の蓄積防止 (3)　連続搬入▶表面温度連続監視装置 (4)　温度、CO等連続監視、記録装置 (5)　異常事態▶不活性ガス封入装置など発火防止装置		
⑧　焼却施設 イ　ガス化改質方式		⑦チ～カに同じ			
		(1)　ガス化設備	(イ)　加熱装置　ガス化必要温度・保持 (ロ)　外気と遮断		
		(2)　改質設備	(イ)　ガスの改質に必要な温度・滞留時間▶適正に保持 (ロ)　外気と遮断 (ハ)　爆発防止措置		
		(3)　測定・記録	ガスの温度の連続測定、記録装置		
		(4)　冷却設備 (5)　除去設備 (6)　除去設備	除去施設流入ガス200℃以下に冷却 除去施設流入ガス温度の連続測定、記録装置 改質ガス中のSOx、ばいじん、HCl、H_2S除去装置		
ロ　電気炉を用いた焼却施設		ヘ　排ガス処理施設　▶	ばいじん除去高度機能		
		リ　灰出し設備	(1)　ばいじん、焼却灰の飛散流出なし (2)　溶融加工▶融点以上の温度 　〃　▶排ガス処理設備 (3)　焼成　▶1,000℃以上の温度 　〃　▶温度連続測定、記録 　〃　▶排ガス処理設備 (4)　セメント固化・薬剤処理▶混練装置 　　　セメント（薬剤）＋水　▶均一に混合		
	固形燃料（廃棄物を原材料として成形）	ヌ　受入設備 ヌ　保管設備	▶湿潤状態にならない必要措置 ▶(1)　湿潤状態にならない必要措置 (2)　常時換気 (3)　散水、消火栓等消火設備		
		ヲ　閉鎖場所に保管（サイロ等）（カを除く）	(1)　温度、CO濃度連続測定、記録装置 (2)　異常事態▶固形燃料取出構造 　〃　▶不活性ガス封入装置など発火防止装置		
		ワ　外気開放場所に保管（ピット等）数量▶7日超又は1日処理能力×7超	(1)　表面温度連続監視装置 (2)　設備内連続測定・記録装置		
		カ　閉鎖場所に保管（サイロ等）数量▶7日超又は1日処理能力×7超	(1)　湿潤状態にならない必要措置 (2)　酸化による発熱、発生熱の蓄積防止 (3)　連続搬入▶表面温度連続監視装置 (4)　温度、CO等連続監視、記録装置 (5)　異常事態▶不活性ガス封入装置など発火防止装置		

			(1)　必要な温度▶適正に保持 (2)　発生ガス　▶炉外に漏れない (3)　炉内・炉出口温度の定期的測定 (4)　集じん機流入ガス温度の連続測定、記録装置 (5)　製鋼電気炉▶集じん機流入ガス200℃以下に冷却	
⑨	ばいじん、焼却灰の処理施設		「⑦リ　灰出し設備」と同じ	
⑩	高速堆肥化処理施設		発酵槽内の温度調節、空気量調節	
⑪	破砕施設	イ ロ ハ	投入廃棄物の連続監視▶破砕に適さないものを排除 集じん器、散水装置等 防爆設備、爆風逃し口等	
⑫	ごみ運搬 用パイプラ イン	イ ロ ハ	集じん器等 管路の点検補修設備 貯留設備（十分な容量）	
⑬	選別施設	イ ロ	再生対象廃棄物▶容易に選別 粉じん飛散防止集じん器、散水装置等	
⑭	固形燃料 化施設	イ	破砕設備	(1)　投入時、破砕、固形燃料に適さないもの 　　を連続監視 (2)　粉じん飛散防止▶集じん器、散水装置 (3)　防爆装置、爆風逃がし装置
		ロ ハ	選別装置 供給設備	固形燃料化対象廃棄物▶容易に選別 外気と遮断・定量連続投入
		ニ	乾燥設備	(1)　乾燥室▶乾燥温度確保・保持▶加熱装置 　　　〃　　▶外気と遮断 (2)　出口温度の連続測定、記録装置 (3)　乾燥状態の連続監視装置
		ホ	排ガス処理設備 （排気口、排気筒）	生活環境保全上の支障がない
		ヘ ト チ	薬剤添加設備 供給装置 成形設備	廃棄物と薬剤を十分混合 廃棄物の定量投入 (1)　必要な大きさ、形状、硬さ (2)　設備内温度、出口温度、CO連続測定装 　　置
		リ	冷却設備	(1)　外気温度を大きく上回らない (2)　入り口、出口温度連続測定装置 (3)　設備内温度、CO連続測定装置
		ヌ ル	受入施設 保管設備	▶湿潤状態にならない必要措置 ▶(1)　湿潤状態にならない必要措置 　(2)　常時換気 　(3)　散水、消火栓等消火設備
		ヲ	閉鎖場所に保管（サ イロ等）（カを除く）	(1)　温度、CO濃度連続測定、記録装置 (2)　異常事態▶固形燃料取出構造 　　　〃　　▶不活性ガス封入装置など発火 　　　　　　　防止装置
		ワ	外気開放場所に保管 （ピット等） 　数量▶7日超又は 　　1日処理能力×7超	(1)　表面温度連続監視装置 (2)　設備内連続測定・記録装置
		カ	閉鎖場所に保管（サ イロ等） 　数量▶7日超又は	(1)　湿潤状態にならない必要措置 (2)　酸化による発熱、発生熱の蓄積防止 (3)　連続搬入▶表面温度連続監視装置

		1日処理能力×7超	(4)	温度、CO等連続監視、記録装置
			(5)	異常事態▶不活性ガス封入装置など発火防止装置
⑮	排水処理設備	（施設から排水放流のある場合）		

し尿処理施設

①	受入投入設備	イ	飛散、流出しない
		ロ	異物除去▶受入槽、スクリーン等
②	貯留設備	イ	消化槽等への供給に必要な容量
		ロ	し尿量の監視装置
		ハ	スカム発生防止装置
		ニ	浄化槽汚泥との割合変動に対応
③	嫌気性消化処理設備	イ	十分な容量
		ロ	撹拌装置、スカム発生防止装置
		ハ	発生ガスの脱硫装置、脱硫ガス貯留タンク、燃焼装置
④	好気性消化処理設備	イ	十分な容量
		ロ	し尿▶定量、連続供給装置
		ハ	ばっ気装置▶し尿の撹拌、必要空気量の供給
⑤	湿式酸化処理設備	イ	十分な容量
		ロ	し尿▶定量、連続供給装置
		ハ	昇圧ポンプ▶必要な加圧
		ニ	空気圧縮器、熱交換器▶必要な空気量、熱量を供給
⑥	活性汚泥法処理設備	イ	混合調整槽▶分離液＋希釈水＋返送汚泥
		ロ	ばっ気槽▶十分な容量◀流入汚水量
		ハ	ばっ気装置▶汚水の撹拌、必要空気量の供給
		ニ	沈殿槽▶十分な容量
		ホ	汚泥返送装置▶ばっ気槽の混合液浮遊物質濃度⇨適正保持
⑦	生物学的脱窒素処理設備	イ	十分な容量◀脱窒素、硝化
		ロ	し尿▶定量、連続供給装置
		ハ	撹拌装置
		ニ	ばっ気装置▶し尿の撹拌、必要空気量の供給
		ホ	汚泥返送装置▶脱窒素槽・硝化槽の混合液浮遊物質濃度⇨適正保持
		ヘ	固液分離装置
⑧	浄化槽汚泥▶固液分離装置		
⑨	放流水▶消毒設備		
⑩	放流水基準（日間平均）	BOD　20mg/ℓ以下、SS　70mg/ℓ以下、大腸菌群数　3,000個/cm³以下、他生活環境全上支障なし	

一廃最終処分場　（昭和52年総・厚省令第1号第1条第1項）【☞P.129参照】

1	埋立地の周囲に囲い
	※　閉鎖された埋立地を埋立処分以外に供用▶埋立地の範囲を区分する囲い、杭等

2	一廃最終処分場表示の**立札等**

3	必要な場合、地滑り防止工、沈下防止工設置

4	一廃流出防止のため、次の要件の**擁壁**等の設置
	イ　自重、土圧、水圧、波力、地震力等に対し構造耐力上安全
	ロ　腐食防止措置

5	浸出液による**公共用水域、地下水汚染防止措置**
	（公共用水域、地下水汚染防止に必要な措置を講じた一廃は対象外）

イ　不透水性地層ない場合
　(1)　次の遮水層等を有すること
　　　　（例外：勾配が50%以上である基礎地盤で、内部水位が達しない場合は、基礎
　　　　地盤に吹き付けたモルタルに遮水シート又はゴムアスファルトを敷設）
　　　・粘土層（厚さ50cm以上、透水係数10nm/s以下）＋遮水シート
　　　・アスファルト・コンクリート層（厚さ5cm以上、透水係数1nm/s以下）
　　　　＋遮水シート
　　　・2重の遮水シート
　(2)　基礎地盤は、遮水層損傷防止のための強度を有し、平らな状態
　(3)　日射による遮水層表面の劣化防止のための遮光性不織布等
ロ　不透水性地層（厚さ5m以上・透水係数100nm/s以下、ルジオン値1以下の岩
　　盤）
　(1)　薬剤等注入（ルジオン値が1以下）
　(2)　連続壁の設置（厚さ50cm以上、透水係数10nm/s）
　(3)　鋼矢板設置
　(4)　イ(1)～(3)の要件
ハ　地下水により、遮水工が損傷するおそれ
　　　　▶　管渠等の**地下水集排水設備の設置**
ニ　堅固で耐久力を有する構造の管渠等の**保有水等集排水設備の設置**
　　　　（水面埋立は余水吐等）
　　　　　例外：雨水が入らないよう必要な措置が講じられる埋立地で、腐敗せず保有
　　　　　水の生じない一廃のみ埋め立てる場合
ホ　浸出液処理設備に流入する保有水等の水量及び水質変動を調整できる耐水構造
　の調整池の設置
　　　　（**例外**：水面埋立、十分な貯留槽保有）
ヘ　次の排水基準等に適合させることができる**浸出液処理設備の設置**
　　　・以下の排水基準（各数値以下）に適合

◆アルキル水銀　　検出されないこと	◆総水銀　0.005mg/ℓ
◆カドミウム　0.03mg/ℓ	◆鉛　0.1mg/ℓ
◆有機燐　1mg/ℓ	◆六価クロム　0.5mg/ℓ
◆砒素　0.1mg/ℓ	◆シアン　1mg/ℓ
◆PCB　0.003mg/ℓ	◆トリクロロエチレン　0.1mg/ℓ
◆テトラクロロエチレン　0.1mg/ℓ	◆ジクロロメタン　0.2mg/ℓ
◆四塩化炭素　0.02mg/ℓ	◆1,2-ジクロロエタン　0.04mg/ℓ
◆1,1-ジクロロエチレン　1mg/ℓ	
◆シス-1,2-ジクロロエチレン　0.4mg/ℓ	◆1,1,1-トリクロロエタン　3mg/ℓ
◆1,1,2-トリクロロエタン　0.06mg/ℓ	◆1,3-ジクロロプロペン　0.02mg/ℓ
◆チウラム　0.06mg/ℓ	◆シマジン　0.03mg/ℓ
◆チオベンカルブ　0.2mg/ℓ	◆ベンゼン　0.1mg/ℓ
◆セレン　0.1mg/ℓ	◆1,4-ジオキサン　0.5mg/ℓ

◆ほう素　海域以外　50mg/ℓ（当分の間）、海域　230mg/ℓ（当分の間）
◆ふっ素　海域以外　15mg/ℓ（当分の間）
◆アンモニア、亜硝酸、硝酸化合物　200mg/ℓ＊（当分の間）
　　　　　　　　（＊アンモニア性窒素×0.4＋亜硝酸性窒素＋硝酸性窒素）
◆水素イオン濃度　5.8〜8.6（海域5.0〜9.0）
◆BOD　60mg/ℓ（海域、湖沼への放流水は除く）
◆COD　90mg/ℓ（上記以外の放流水は除く）
◆SS　60mg/ℓ以下
◆n-ヘキサン抽出物（鉱油）　5 mg/ℓ、（動植物油）　30mg/ℓ
◆フェノール　5 mg/ℓ　　　　　　◆銅　3 mg/ℓ
◆亜鉛　2 mg/ℓ　　　　　　　　　◆溶解性鉄　10mg/ℓ
◆溶解性マンガン　10mg/ℓ　　　　◆クロム　2 mg/ℓ
◆大腸菌群数　日間平均3,000個/cm³
◆窒素　120mg/ℓ（日間平均60mg/ℓ）
◆燐　16mg/ℓ（日間平均8 mg/ℓ）
・ダイオキシン類　10pg/ℓ以下
・一廃処理施設の維持管理に関する計画の放流水の水質達成数値
ト　浸出液処理設備への導水管及び配管の凍結による損壊防止措置

6　埋立地の周囲は、**地表水**が埋立地の開口部から埋立地へ**流入するのを防止する**ための**開渠**等の設置

基準不適合の一廃の水銀処理物（基準不適合0.005mg/ℓ超の水銀処理物）の埋立処分を行う場合は、遮断型産廃と同じ構造基準

一般廃棄物処理施設の維持管理の技術上の基準

（省令第４条の５）

ごみ処理施設

①	ごみ投入量＜処理能力		
②	焼却施設 （ガス化改質方式以外）	供給設備	イ　ピット＆クレーン▶ごみ均一混合 ロ　燃焼室への投入▶外気と遮断状態、定量連続投入 　　（熱回収施設に認定された場合は外気と遮断のみ） 　　（除外：ガス化燃焼方式、２t/h未満）
		燃焼室	ハ　燃焼室燃焼ガス温度　800℃以上保持 ニ　焼却灰熱しゃく減量　10%以下 　　（除外：焼却灰▶生活環境保全上支障のない使用） ホ　運転開始時、助燃装置作動等で炉温を速やかに上昇 ヘ　運転停止時、助燃装置作動等で炉温保持、燃焼し尽くす ト　燃焼室ガス温度▶連続測定・記録
		冷却設備	チ　集じん器流入燃焼ガス温度▶200℃以下に冷却 リ　集じん器流入燃焼ガス温度▶連続測定・記録
		排ガス処理施設	ヌ　冷却設備、排ガス処理設備のたい積ばいじん除去 ル　排ガス中のCO濃度100万分の100以下 　　（非適用：セメント製造焼成炉（プレヒーター付ロータリーキルンのみ）で、排ガス中ダイオキシン類濃度３月１回以上測定の場合） ヲ　排ガス中のCO濃度▶連続測定・記録 ワ　排ガス中のダイオキシン類濃度

処理能力	基準
４t/h以上	0.1ng/㎥
２t/h〜４t/h	1ng/㎥
２t/h未満	5ng/㎥

			＊　ダイオキシン濃度は毒性等量濃度に換算したもの カ　排ガス中のダイオキシン類濃度▶年１回以上測定・記録 　　ばい煙量、ばい煙濃度▶６月１回以上測定・記録 ヨ　排出ガス▶生活環境保全上支障がないこと タ　排出ガスを水で洗浄、冷却▶水の飛散・流出による生活環境保全上の支障なし
		灰出し設備	レ　ばいじんと焼却灰分離排出・貯留（除外：溶融、焼成処理） ソ　ばいじん・焼却灰の溶融加工▶融点以上の温度保持 ツ　ばいじん・焼却灰の焼成▶1,000℃以上の温度保持、連続測定・記録

			ネ　ばいじん・焼却灰のセメント固化（薬剤処理） 　　▶セメント（薬剤）＋水▶均一に混合
	固形燃料	受入設備 保管設備	ナ　湿潤状態にならない必要措置 ラ　固形燃料を保管設備に搬入▶ 　（1）固形燃料の含水分10重量％以下、固形燃料温度が外気を大きく上回らないことを測定、確認・記録 　（2）外観を目視検査▶著しく粉化していないことの確認・記録 ム　ラ(1)(2)の基準不適合▶保管設備へ搬入しない ウ　固形燃料を保管設備から搬出▶ラ(1)(2) ヰ　　〃　　▶ラ(1)(2)基準不適合▶保管設備内固形燃料処分 ノ　搬入固形燃料の性状管理▶水分、温度等測定・記録
		保管	オ(1)　湿潤状態にならない必要措置 　（2）保管設備内常時換気 　（3）保管期間7日超▶固形燃料入換、放熱措置
		外気開放場所に保管	ク　外気開放保管（ピット等） 　（1）複数容器保管▶各容器周囲の通気▶適当な間隔で配置 　（2）適当に抽出した容器ごと▶固形燃料温度測定・記録 　（3）（2）の測定温度▶適切を確認 マ　外気開放場所に保管（7日超又は1日処理能力×7超） 　（1）定期的に清掃 　（2）かくはん等による温度の異常な上昇防止 　（3）表面温度連続監視 　（4）温度連続測定・記録 　（5）（3)(4)の適切を確認
		閉鎖場所に保管	ヤ　閉鎖場所に保管（サイロ等）（ケを除く） 　（1）設備内の温度、CO濃度▶連続測定・記録 　（2）（1）の測定▶適切を確認 ケ　閉鎖場所に保管（サイロ等）（7日超又は1日処理能力×7超） 　（1）湿潤状態にならない必要措置 　（2）定期的に清掃 　（3）酸化による発熱、発生熱の蓄積防止 　（4）連続搬入▶表面温度連続監視 　（5）温度、CO等連続測定・記録 　（6）（5）の測定▶適切を確認
		火災防止	フ　火災発生防止措置、消火器等消火設備
③　焼却施設（ガス化改質方式）		灰出し設備	レ　ばいじんと焼却灰分離排出・貯留（除外：溶融、焼成処理） ソ　ばいじん・焼却灰の溶融加工▶融点以上の温度保持 ツ　ばいじん・焼却灰の焼成▶1,000℃以上の温度保持、連続測定・記録 ネ　ばいじん・焼却灰のセメント固化（薬剤処理） 　　▶セメント（薬剤）＋水▶均一に混合
	固形	受入設備 保管設備	ナ　湿潤状態にならない必要措置 ラ　固形燃料を保管設備に搬入▶

	燃料	(1)　固形燃料の含水分10重量％以下、固形燃料温度が外気を大きく上回らないことを測定、確認・記録
		(2)　外観を目視検査▶著しく粉化していないことの確認・記録
		ム　ラ(1)(2)の基準不適合▶保管設備へ搬入しない
		ウ　固形燃料を保管設備から搬出▶ラ(1)(2)
		ヰ　〃　　▶ラ(1)(2)基準不適合▶保管設備内固形燃料処分
		ノ　搬入固形燃料の性状管理▶水分、温度等測定・記録
	保管	オ(1)　湿潤状態にならない必要措置
		(2)　保管設備内常時換気
		(3)　保管期間7日超▶固形燃料入換、放熱措置
	外気開放場所に保管	ク　外気開放保管（ピット等）
		(1)　複数容器保管▶各容器周囲の通気▶適当な間隔で配置
		(2)　適当に抽出した容器ごと▶固形燃料温度測定・記録
		(3)　(2)の測定温度▶適切を確認
		マ　外気開放場所に保管（7日超又は1日処理能力×7超）
		(1)　定期的に清掃
		(2)　かくはん等による温度の異常な上昇防止
		(3)　表面温度連続監視
		(4)　温度連続測定・記録
		(5)　(3)(4)の適切を確認
	閉鎖場所に保管	ヤ　閉鎖場所に保管（サイロ等）（ケを除く）
		(1)　設備内の温度、CO濃度▶連続測定・記録
		(2)　(1)の測定▶適切を確認
		ケ　閉鎖場所に保管（サイロ等）（7日超又は1日処理能力×7超）
		(1)　湿潤状態にならない必要措置
		(2)　定期的に清掃
		(3)　酸化による発熱、発生熱の蓄積防止
		(4)　連続搬入▶表面温度連続監視
		(5)　温度、CO等連続測定・記録
		(6)　(5)の測定▶適切を確認
	火災防止	フ　火災発生防止措置、消火器等消火設備
供給設備		(1)　投入ごみ数量・性状▶ガス化設備のガス化必要時間の調節
ガス化設備		(2)　ガス化設備▶ごみのガス化に必要な温度保持
		(3)　改質設備内のガス温度▶ガスの改質に必要な温度保持
		(4)　　〃　　▶連続測定・記録
除去設備		(5)　除去設備流入改質ガス温度▶おおむね200℃以下に冷却（除去設備内で速やかに冷却することも可）
		(6)　　〃　　▶連続測定・記録
		(7)　冷却設備、除去設備のたい積ばいじん除去
		(8)　除去設備出口の改質ガス中のダイオキシン類濃度0.1ng/㎥以下

		(9)　除去設備出口のダイオキシン類濃度を年1回以上、SOx、ばいじん、HCl、H₂Sの濃度を6月1回以上測定・記録
③　焼却施設 （電気炉等）	排ガス処理施設	ワ　排ガス中のダイオキシン類濃度 | 処理能力 | 基準 | |---|---| | 4 t/h以上 | 0.1 ng/㎥ | | 2 t/h〜4 t/h | 1 ng/㎥ | | 2 t/h未満 | 5 ng/㎥ | 　＊　ダイオキシン濃度は毒性等量濃度に換算したもの ＊＊　製鋼の用に供する電気炉は0.5ng/㎥ ヨ　排出ガス▶生活環境保全上支障がないこと タ　排出ガスを水で洗浄、冷却▶水の飛散・流出による生活環境保全上の支障なし
	灰出し設備	ソ　ばいじん・焼却灰の溶融加工▶融点以上の温度保持 ツ　ばいじん・焼却灰の焼成▶1,000℃以上の温度保持、連続測定・記録 ネ　ばいじん・焼却灰のセメント固化（薬剤処理）▶セメント（薬剤）＋水▶均一に混合
固形燃料	受入設備 保管設備	ナ　湿潤状態にならない必要措置 ラ　固形燃料を保管設備に搬入▶ 　(1)　固形燃料の含水分10重量％以下、固形燃料温度が外気を大きく上回らないことを測定、確認・記録 　(2)　外観を目視検査▶著しく粉化していないことの確認・記録 ム　ラ(1)(2)の基準不適合▶保管設備へ搬入しない ウ　固形燃料を保管設備から搬出▶ラ(1)(2) ヰ　〃　　　　　▶ラ(1)(2)基準不適合▶保管設備内固形燃料処分 ノ　搬入固形燃料の性状管理▶水分、温度等測定・記録
	保管	オ(1)　湿潤状態にならない必要措置 　(2)　保管設備内常時換気 　(3)　保管期間7日超▶固形燃料入換、放熱措置
	外気開放場所に保管	ク　外気開放保管（ピット等） 　(1)　複数容器保管▶各容器周囲の通気▶適当な間隔で配置 　(2)　適当に抽出した容器ごと▶固形燃料温度測定・記録 　(3)　(2)の測定温度▶適切を確認 マ　外気開放場所に保管（7日超又は1日処理能力×7超） 　(1)　定期的に清掃 　(2)　かくはん等による温度の異常な上昇防止 　(3)　表面温度連続監視 　(4)　温度連続測定・記録 　(5)　(3)(4)の適切を確認
	閉鎖場所に保管	ヤ　閉鎖場所に保管（サイロ等）（ケを除く） 　(1)　設備内の温度、CO濃度▶連続測定・記録 　(2)　(1)の測定▶適切を確認

		ケ　閉鎖場所に保管（サイロ等）（7日超又は1日処理能力×7超） 　(1)　湿潤状態にならない必要措置 　(2)　定期的に清掃 　(3)　酸化による発熱、発生熱の蓄積防止 　(4)　連続搬入▶表面温度連続監視 　(5)　温度、CO等連続測定・記録 　(6)　(5)の測定▶適切を確認
	火災防止	フ　火災発生防止措置、消火器等消火設備
	焼却・溶鋼設備	(1)　廃棄物焼却・溶鋼に必要な温度適正保持 (2)　溶鋼の炉内・炉出口温度の定期的測定・記録
	集じん器	(3)　集じん器流入ガス温度の連続測定・記録 (4)　排ガス処理設備たい積ばいじんの除去 (5)　排ガス中のダイオキシン類濃度を3月1回以上、SOx、ばいじん、HCl、NOxの濃度を6月1回以上測定・記録 (6)　製鋼用電気炉の焼却施設▶集じん器内流入ガス温度▶おおむね200℃以下に冷却
④　ばいじん、焼却灰の処理施設	ヨ　排出ガス▶生活環境保全上支障がないこと ソ　溶融加工▶融点以上の温度保持 ツ　ばいじん・焼却灰の焼成▶1,000℃以上の温度保持、連続測定・記録 ネ　セメント固化・薬剤処理　　セメント（薬剤）＋水▶均一に混合	
⑤　高速堆肥化処理施設	発酵槽の内部を発酵に適する状態に保持◀温度調節、空気量調節	
⑥　破砕施設	イ　投入廃棄物の連続監視▶破砕に適さないものを排除 ロ　破砕粉じんの飛散防止	
⑦　ごみ運搬用パイプライン	イ　粉じんの飛散防止 ロ　管路の破損防止措置	
⑧　選別施設	粉じんの飛散防止	
⑨　固形燃料化施設	・排出ガス ・火災発生防止 イ　受入設備 ロ　破砕設備 ハ ニ　乾燥設備 ホ　排出ガス ヘ ト　薬剤添加設備	・生活環境保全上支障がないこと ・火災発生防止措置、消火器等消火設備 ・廃棄物の性状を均一化 (1)　投入廃棄物の連続監視▶固形燃料化に適さないものを排除 (2)　破砕粉じんの周囲への飛散防止 選別による粉じん▶飛散防止 (1)　廃棄物投入は外気と遮断、定量連続供給 (2)　出口温度を連続測定・記録 (3)　乾燥させた廃棄物（乾燥状態）連続監視 (4)　廃棄物が滞留▶散水 (5)　排ガス管路▶定期的に清掃 (6)　(2)の規定の温度、(3)の乾燥状態▶適切を確認 ・排気口、排気筒排出ガス中のダイオキシン類濃度0.1ng/㎥以下 ・排気口、排気筒排出ガス中のダイオキシン類濃度を年1回以上、HClの濃度を6月1回以上測定・記録 ・投入廃棄物・薬剤▶均一混合

チ	成形設備	(1)　運転開始時▶ちりの除去 (2)　廃棄物の投入▶定量連続 (3)　固形燃料に必要な大きさ、形状、硬さに成形 (4)　設備内温度、出口温度、CO濃度連続測定 (5)　(4)の適切を確認
リ	冷却設備	(1)　固形燃料温度の冷却▶外気温を大きく上回らない (2)　設備内入口、出口温度連続測定 (3)　設備内温度、CO濃度連続測定 (4)　固形燃料が滞留▶火災防止措置 (5)　(2)(3)の適切を確認
ヌ	保管	・固形燃料を保管設備に搬入▶ 　(1)　固形燃料の含水分10重量％以下、固形燃料温度が外気を大きく上回らないことを測定、確認・記録 　(2)　外観を目視検査▶著しく粉化していないことの確認・記録 ・上記(1)(2)の基準不適合▶保管設備へ搬入しない ・固形燃料を保管設備から搬出▶上記(1)(2) ・　　〃　　▶上記(1)(2)基準不適合▶保管設備内固形燃料処分 ・搬入固形燃料の性状管理▶水分、温度等測定・記録 ・(1)　湿潤状態にならない必要措置 　(2)　保管設備内常時換気 　(3)　保管期間7日超▶固形燃料入換、放熱措置
	外気開放場所に保管	・外気開放保管（ピット等） 　(1)　複数容器保管▶各容器周囲の通気▶適当な間隔で配置 　(2)　適当に抽出した容器ごと▶固形燃料温度測定・記録 　(3)　(2)の測定温度▶適切を確認 ・外気開放場所に保管（7日超又は1日製造能力×7超） 　(1)　定期的に清掃 　(2)　かくはん等による温度の異常な上昇防止 　(3)　表面温度連続監視 　(4)　温度連続測定・記録 　(5)　(3)(4)の適切を確認
	閉鎖場所に保管	・閉鎖場所に保管（サイロ等） 　(1)　設備内の温度、CO濃度▶連続測定・記録 　(2)　(1)の測定▶適切を確認 ・固形燃料サイロ等閉鎖場所に保管（7日超又は1日製造能力×7超） 　(1)　湿潤状態にならない 　(2)　定期的に清掃 　(3)　酸化による発熱、発生熱の蓄積防止 　(4)　連続搬入▶表面温度連続監視 　(5)　温度、CO等連続測定・記録 　(6)　(5)の測定▶適切を確認
ル	直接搬出	・固形燃料性状適切管理▶水分、温度等測定・記録

⑩	ごみの飛散・悪臭の防止措置
⑪	蚊、はえ等の発生の防止▶構内の清潔保持

⑫	著しい騒音・振動▶生活環境保全措置
⑬	施設からの排水放流▶生活環境保全措置
⑭	施設機能維持のための措置、定期的な機能検査、ばい煙・水質検査
⑮	市町村自ら維持管理
⑯	維持管理記録作成、3年保存

し尿処理施設

①	受入設備 貯留設備	発生汚泥▶速やかに除去	
②	嫌気性消 化処理設備	イ ロ ハ ニ ホ ヘ	消化槽への投入＜処理能力範囲▶定量ずつ、一定間隔 加温式▶内部を設計温度に保持 攪拌、スカムの破砕◀消化状況を勘案 脱離液の引出し　　　◀攪拌停止後2時間以上静置 汚泥の引出し　　　　◀槽内の汚泥量を適正保持 発生ガス▶脱硫▶加温用燃料▶燃焼
③	好気性消 化処理設備	◆定量・連続投入＜処理能力範囲 ◆必要空気量の保持	
④	湿式酸化 処理設備	◆定量・連続投入＜処理能力範囲 ◆設計時の温度、圧力、空気量の保持	
⑤	沈殿槽	汚泥の引出し▶一定間隔で実施	
⑥	活性汚泥 法処理設備	◆脱離液、希釈水、返送汚泥の調整＜処理能力範囲 ◆ばっ気槽内▶溶存酸素量を適正に保つ	
⑦	生物学的 脱窒素処理 設備	イ ロ	脱窒素槽への投入▶定量、連続投入＜処理能力範囲 硝化槽▶設計時の空気量の保持
⑧	し尿の飛散、流出、悪臭の防止措置		
⑨	蚊、はえ等の発生の防止▶構内の清潔保持		
⑩	著しい騒音・振動▶生活環境保全上の措置		
⑪	放流水基 準 （日間平均）	◆BOD・・・20mg／ℓ以下 ◆SS・・・70mg／ℓ以下 ◆大腸菌群数　3,000個／㎤以下 ◆その他生活環境保全上支障のないこと	
⑫	施設機能維持のための措置、定期的な機能検査、水質検査		
⑬	市町村自ら維持管理		
⑭	維持管理記録作成、3年保存		

一廃最終処分場維持管理の技術上の基準(昭和52年総・厚省令第1号第1条第2項)

1	一廃の飛散、流出防止に必要な措置
2	悪臭発散防止に必要な措置
3	火災発生防止に必要な措置、消火器等消火設備設置
4	ねずみの生育、蚊、はえ等害虫の発生防止のため、薬剤散布等必要な措置
5	囲い▶みだりに人の立入ができない ※　閉鎖▶処分場を埋立処分以外の用に供する場合▶埋立地の範囲を明示
6	立札等▶常に見やすい状態、表示事項変更▶速やかに書き換え等必要な措置
7	擁壁等▶定期的点検、損壊のおそれ▶速やかに必要防止措置
8	廃棄物埋立前、遮水工損傷防止▶遮水工を砂等で覆う
9	遮水工の定期的点検▶遮水効果低下のおそれ▶速やかに必要回復措置
10	最終処分場の周縁（水面埋立は、周辺の水域の水）2箇所以上の地下水又は地下水集排水設備から採取された水の水質検査実施 　イ　埋立開始前、地下水等検査項目、電気伝導率及び塩化物イオンを測定・記録 　ロ　埋立開始後、地下水等検査項目を1年に1回以上測定・記録 　ハ　埋立開始後、電気伝導率又は塩化物イオンを1月に1回以上測定・記録 　ニ　電気伝導率又は塩化物イオンに異状のある場合▶速やかに再度測定・記録、地下水等検査項目についても測定・記録
11	地下水等検査項目に係る水質検査の結果▶水質の悪化（原因が処分場以外であることが明らかな場合を除く）確認▶原因の調査等生活環境の保全上必要な措置
12	雨水流入防止に必要な措置
13	調整池を定期的に点検▶損壊のおそれ▶速やかに必要防止措置
14	浸出液処理設備の維持管理 　イ　放流水の水質が排水基準等に適合 　　（BOD　60mg/ℓ、COD　90mg/ℓ、SS　60mg/ℓ以下） 　ロ　浸出液処理設備の定期点検▶異状の場合▶速やかに必要な措置 　ハ　放流水の水質検査 　（1）排水基準等に係る項目を1年に1回以上測定・記録 　（2）水素イオン濃度、BOD、COD、SS、窒素を1月に1回以上測定・記録
14の2	浸出液処理設備の導水管等の凍結に有効な防止措置の定期点検▶異常な場合▶必要措置
15	地表水、雨水流入防止の開渠等の機能維持、一廃外部流出防止のため、開渠に堆積した土砂等の速やかな除去等必要措置
16	通気装置による発生ガス排除
17	埋立終了埋立地▶表面を土砂でおおむね50cm以上覆い、開口部を閉鎖 ※　雨水が入らない必要な措置が講じられる埋立地▶遮水工と同等以上の効力を有する覆いにより閉鎖
18	閉鎖した埋立地の覆い損傷防止に必要な措置
19	残余の埋立容量▶年1回以上測定・記録
20	埋め立てられた一廃（石綿含有一廃又は基準適合水銀処理物を含む）の種類、数量、最終処分場の維持管理の点検・検査等記録、石綿含有一廃又は基準適合水銀処理物についてはその位置図を作成し、最終処分場の廃止まで保存

（Dx法に基づく最終処分場維持管理基準）平成13年 1 月15日から適用

1　周縁地下水 2 箇所以上の場所から採取、地下水集排水設備からの地下水水質検査 　イ　埋立処分開始前、ダイオキシン類濃度測定・記録 　ロ　埋立処分開始後、ダイオキシン類濃度年 1 回以上測定・記録 　　　ただし、埋立廃棄物の種類、保有水等の水質から汚染のおそれがない場合は不 　必要 　ハ　電気伝導率、塩化物イオン濃度が異常の場合、ダイオキシン類濃度測定・記録
2　 1 でダイオキシン類濃度が異常の場合、原因調査その他生活環境保全上必要措置
3　浸出液処理設備の維持管理 　イ　放流水許容濃度（ダイオキシン濃度10pg/ℓ）に適合するよう維持管理 　ロ　放流水の水質検査▶ダイオキシン類を年 1 回以上検査・記録

基準不適合の一廃の水銀処理物（基準不適合0.005mg/ℓ超の水銀処理物）の埋立処 分の維持管理を行う場合は、遮断型産廃と同じ維持管理基準

産業廃棄物処理施設の技術上の基準

（省令第12条・12条の2）

①　構造耐力上安全 　（②削除）	⑤　著しい騒音、振動防止
③　腐食防止措置	⑥　汚水、廃液の漏出、地下浸透防止
④　飛散、悪臭の防止	⑦　施設の処理能力に応じた受入設備、 　　貯留設備

①　汚泥脱水施設	施設設置の床又は地面の不透水措置		
②　汚泥乾燥施設	排ガス処理設備の設置→煙突からの排出ガスによる生活環境保全 上の支障防止		
②　汚泥天日乾燥 　施設	イ　乾燥床の側面、底面　→不透水性の材料 ロ　　〃　　周囲　　→地表水の流入防止のための開渠等		
焼却施設 （ガス化改質方式 以外） ③　汚泥 ⑤　廃油 ⑧　廃プラスチ 　　ック類 ⑫　廃PCB、 　　PCB汚染物、 　　PCB処理物 ⑬-2　その他 　　の産廃	イ　供給設備	外気遮断状態、定量連続投入供給設備 （除外：ガス化燃焼方式、2t/h未満） （熱回収設備の場合は外気遮断のみ）	
	ロ　燃焼室	(1)　外気と遮断 (2)　速やかな規定温度への上昇・保持用助燃 　　設備 (3)　供給空気調節装置 (4)　燃焼ガス800℃以上で焼却、同温度の保 　　持と2秒以上の滞留 　　　　※廃PCB、PCB汚染物、PCB処理物の場 　　　　合は1,100℃	
	ハ　測定	燃焼ガス温度の連続測定、記録装置	
	ニ　冷却設備 ホ　　〃	集じん器流入ガス200℃以下に冷却 燃焼ガス温度の連続測定、記録装置	
	ヘ　排ガス処理施設　▶　ばいじん除去高度機能 ト　排ガスCO濃度連続測定、記録装置		
	廃油の流出防止 （⑤⑫の施設のみ）	(1)　廃油流出防止堤等 (2)　施設の床又は地面の不浸透措置 ※　廃油、廃PCB、PCB処理物に限る	
	チ　ばいじん分離灰出し設備、貯留設備（除外：溶融、焼成処理）		
焼却施設 イ　ガス化改質方 　　式 ③　汚泥 ⑤　廃油 ⑧　廃プラスチ 　　ック類	リ　灰出し設備	(1)　ばいじん、焼却灰の飛散流出防止 (2)　溶融加工▶融点以上の温度 　　　　〃　　▶排ガス処理設備 (3)　焼成　　▶1,000度以上の温度 　　　　〃　　▶温度連続測定、記録 　　　　〃　　▶排ガス処理設備 (4)　セメント固化・薬剤処理▶混練設備 　　セメント（薬剤）＋水　▶均一に混合	
	イ　ガス化設備	(1)　ガス化必要温度・保持、加熱装置 (2)　外気と遮断	

⑬-2 その他の産廃	ロ 改質設備	(1) ガス改質に必要な温度・滞留時間 　▶適正に保持 (2) 外気と遮断 (3) 爆発防止必要措置
	ハ 測定・記録	ガスの温度の連続測定、記録装置
	ニ 冷却設備	除去施設流入ガス200℃以下に冷却
	ホ 〃	除去施設流入ガス温度の連続測定、記録装置
	ヘ 除去装置	改質ガス中のSOx、ばいじん、HCl、H₂S除去装置
ロ 電気炉等を用いた焼却施設 ③ 汚泥 ⑤ 廃油 ⑧ 廃プラスチック類 ⑬-2 その他の産廃	ヘ 排ガス処理施設	▶ ばいじん除去高度機能
	リ 灰出し設備	(1) ばいじん、焼却灰の飛散流出なし (2) 溶融加工▶融点以上の温度 　　〃　　▶排ガス処理設備 (3) 焼成　▶1,000度以上の温度 　　〃　　▶温度連続測定、記録 　　〃　　▶排ガス処理設備 (4) セメント固化・薬剤処理▶混練装置 　セメント（薬剤）＋水　▶均一に混合
	(1) 必要な温度▶適正に保持 (2) 発生ガス▶炉外に漏れない (3) 炉内・炉出口温度の定期的測定 (4) 集じん器流入ガス温度の連続測定、記録装置 (5) 製鋼電気炉▶集じん器流入ガス200℃以下に冷却		
④ 廃油の油水分離施設	(1) 廃油の流出防止堤等 (2) 施設設置の床又は地面の不浸透措置	
⑥ 廃酸・廃アルカリの中和施設	イ 施設設置の床又は地面の不透水措置 ロ 中和剤の供給量調整設備 ハ 中和剤の混合攪拌装置	
⑦ 廃プラスチック類 ①の2 木くず、がれき類の破砕施設	(1) 粉じん飛散防止のための集じん器、散水装置	
	破砕プラスチックの圧縮固化	(2) イ 供給設備 ロ 成型設備 ハ 冷却設備	▶定量、連続投入 設備内温度、出口温度・CO濃度連続測定 (1) 圧縮固化廃プラスチック類温度 　▶外気を大きく上回らない程度に冷却 (2) 入口、出口温度連続測定 (3) 設備内の温度、CO濃度連続測定
		ニ 保管設備	(1) 常時換気 (2) 散水装置、消火栓等消火設備
		ホ サイロ等	(1) 設備内温度、CO濃度連続測定・記録 (2) 異常温度上昇等異常事態 　▶圧縮固化物を取り出せる構造又は不活性ガスを封入する装置等発火防止設備
		ヘ ピット等開放場所 保管期間7日超 1日処理能力×7超	(1) 表面温度を連続的に監視する装置 (2) 保管設備内温度連続測定・記録

	ト　サイロ等 保管期間7日超 1日処理能力× 7超	(1) (2) (3) (4)	圧縮固化物の酸化発熱、蓄熱防止措置 連続搬入の場合▶表面温度連続監視 設備内温度、CO濃度等連続測定、記録 異常温度上昇等異常事態 　▶不活性ガスを封入する装置等発火防止 　設備
⑨　金属・ダイオ キシン類含有汚 泥のコンクリー ト固型化施設	イ　施設設置の床又は地面の不透水措置 ロ　均一混合のための混練設備		
⑩　水銀汚泥のば い焼施設	・施設設置の床又は地面の不透水措置 ・排ガス処理設備の設置		
	(1)　ばい焼設備		イ　ばい焼温度600℃以上でばい焼 ロ　速やかな規定温度への上昇・保持用加熱 　装置
	(2)　水銀ガス回収装置		
⑩-2　廃水銀等 の硫化施設	(1)　水銀の流出防止▶水銀流出防止堤等の設置 　　　　　　　　　施設の床又は地面の不浸透措置		
	(2)　反応設備		イ　精製水銀と硫黄を均一に化学反応させる 　装置の設置 ロ　外気と遮断又は設備内負圧保持
	(3)　水銀ガス処理設 　　備		排出水銀ガスによる生活環境保全上の支障な し
⑪　シアン化合物 の分解施設	・　施設設置の床又は地面の不透水措置		
	(1)　高温熱 　　　分解	・　排ガス処理設備の設置 イ　分解室出口温度900℃以上 ロ　速やかな規定温度への上昇・保持用助燃設備 ハ　供給空気調節装置	
	(2)　酸化分 　　　解	イ　廃酸、廃アルカリ、酸化剤の中和剤供給調整設備 ロ　廃酸、廃アルカリと酸化剤、中和剤の攪拌装置	
⑪-2　廃石綿 等・石綿含有産 廃の溶融施設	(1)　外気遮断状態、溶融炉内投入供給設備 (2)　溶融炉▶1,500℃以上で溶融、同温度の保持と必要滞留時間 　　　　　保持、供給空気調節装置 (3)　溶融炉温度を間接的に把握、連続測定、記録装置 (4)　排ガス処理設備 (5)　溶融処理生成物の流動状況確認設備 (6)　投入廃棄物の破砕設備 　　　▶①破砕に適さないものを連続監視、②建屋内、③粉じん飛 　　　　散防止に必要な集じん器・散水装置等		
⑫-2　分解施 　設・廃PCB等・ 　PCB処理物	(1)　廃油、廃酸、廃アルカリの流出防止堤等 　　　廃油、廃酸、廃アルカリの浸透防止措置 (2)　性状分析設備		
	(3)　脱塩素 　　　化分解	イ　反応設備▶(1)　攪拌装置、温度制御装置 　　　　　　　　(2)　反応中の混合物温度の連続測定、記録装置 ロ　廃PCB等、PCB処理物、薬剤等の供給量調節設備	

(4) 水熱酸化分解	イ	反応設備▶(1)	耐高温・高圧、腐食防止措置
		(2)	温度制御装置、圧力制御装置
		(3)	反応中の混合物温度の連続測定、記録装置
	ロ	廃PCB、PCB処理物、酸化剤等供給量調節設備	
	ハ	反応終了後の混合物の気液分解設備	
(5) 還元熱化学分解	イ	外気遮断状態、反応設備に投入する供給設備	
	ロ	反応設備▶(1)	耐高温、腐食防止措置
		(2)	必要な温度、圧力、滞留時間、反応薬剤ガス量の適正保持
		(3)	外気遮断
		(4)	反応薬剤ガス供給装置
		(5)	爆発防止措置
		(6)	温度、圧力、必要薬剤ガス供給量の連続測定、記録装置
	ハ	除去設備▶(1)	排出生成ガス中の粒子状物質、塩化水素除去
		(2)	排出生成ガス中の主要成分の測定、記録装置
	ニ	事故時に反応設備からのガス漏出防止設備	
	ホ	取出設備・貯留設備▶粒子状物質等飛散防止	
(6) 光分解	イ	反応設備▶(1)	攪拌装置、温度制御装置
		(2)	紫外線ランプ
		(3)	混合物温度の連続測定・記録装置
	ロ	廃PCB等、PCB処理物、薬剤等の供給量調節設備	
	ハ	反応終了後の混合物処理施設（生物分解、脱塩素化分解）▶(1)	攪拌装置、温度制御装置
		(2)	混合物温度の連続測定、記録装置
		(3)	（生物分解）排気処理装置
(7) プラズマ分解	イ	外気遮断状態、反応設備に投入する供給設備	
	ロ	反応設備▶(1)	耐高温、腐食防止措置
		(2)	分解に必要な滞留時間適正保持
		(3)	プラズマ発生必要ガス供給の適正保持
		(4)	外気遮断
		(5)	プラズマ発生必要ガス・電力供給装置
		(6)	反応薬剤のガス供給装置
		(7)	ガス供給量、電流、電圧、反応器出口のガス温度、反応器内圧力、必要薬剤ガス供給量の連続測定、記録装置
		(8)	爆発防止措置
	ハ	除去設備▶(1)	反応生成ガス中の粒子状物質、塩化水素除去
		(2)	排出生成ガス中の主要成分の測定、記録装置
	ニ	事故時に反応設備からのガス漏出防止設備	
	ホ	取出設備・貯留設備▶粒子状物質等飛散防止	
⑫-2　PCB汚染物分解施設	(1)	廃油、廃酸、廃アルカリの流出防止堤等廃油、廃酸、廃アルカリの浸透防止措置	
	(2)	性状分析設備	
(3) 水熱酸化分解	イ	供給設備▶(1)	PCB汚染物破砕設備
		(2)	PCB汚染物、酸化剤等の供給調節設備
	ロ	反応設備▶(1)	耐高温・高圧、腐食防止措置
		(2)	温度制御装置、圧力制御装置
		(3)	反応中の混合物温度の連続測定、記録装置
	ハ	反応終了後の混合物の気液分解設備	

(4) 還元熱化学分解	イ	供給設備▶PCB汚染物破砕	
	ロ	反応設備▶(1)	耐高温、腐食防止措置
		(2)	必要な温度、圧力、滞留時間、反応薬剤ガス量の適正保持
		(3)	外気遮断
		(4)	反応必要薬剤ガス供給装置
		(5)	爆発防止措置
		(6)	温度、圧力、必要薬剤ガス供給量の連続測定、記録装置
	ハ	除去設備▶(1)	排出生成ガス中の粒子状物質、塩化水素除去
		(2)	排出生成ガス中の主要成分の測定、記録装置
	ニ	事故時に反応設備からのガス漏出防止設備	
	ホ	取出設備・貯留設備▶粒子状物質等飛散防止	
(5) 機械化学分解	イ	供給設備▶(1)	PCB汚染物破砕
		(2)	PCB汚染物の供給調節
	ロ	反応設備▶(1)	耐高温、腐食防止措置
		(2)	必要な温度、圧力、反応器の回転数、滞留時間の適正保持
		(3)	外気遮断
		(4)	爆発防止措置
		(5)	温度、反応器の回転数の連続測定、記録装置
	ハ	除去設備▶排出生成ガス中の粒子状物質、塩化水素等除去	
	ニ	事故時に反応器からのガス漏出防止設備	
	ホ	取出設備・貯留設備▶粒子状物質等飛散防止	
(6) 溶融分解	イ	供給設備▶(1)	PCB汚染物破砕、容器等へ充てん
		(2)	PCB汚染物の供給調節
	ロ	反応設備▶(1)	耐高温、腐食防止措置
		(2)	必要な温度、圧力、滞留時間の適正保持
		(3)	外気遮断
		(4)	爆発防止措置
		(5)	温度、圧力連続測定、記録装置
	ハ	除去設備▶(1)	排出生成ガス中粒子状物質、塩化水素等除去
		(2)	設備内生成ガス温度連続測定、記録装置
		(3)	設備からの生成ガス主要成分測定、記録装置
	ニ	事故時に反応設備からのガス漏出防止設備	
	ホ	取出設備・貯留設備▶粒子状物質等飛散防止	
⑬ PCB汚染物、PCB処理物の洗浄施設、分離施設	(1)	廃油の流出防止堤等 廃油の浸透防止措置	
	(2)	処理に伴って生じた産廃の性状分析設備	
(3) 分離方式施設	イ	分離設備▶(1)	分離施設の温度制御装置・圧力制御装置
		(2)	温度・圧力の連続測定、記録装置
	ロ	回収設備▶(1)	分離回収に必要な温度制御装置
		(2)	温度・圧力の連続測定、記録装置
		(3)	排気処理装置等
	ハ	分離回収後の産廃の取出設備、貯留設備	

産業廃棄物最終処分場の技術上の基準

（昭和52年総・厚省令第1号第2条第1項）

遮断型最終処分場

1	埋立地の周囲に囲い
2	有害な特別管理産業廃棄物（又は有害な産業廃棄物）最終処分場表示の立札
3	必要な場合、地滑り防止工、沈下防止工設置
4	埋立地の周囲には、地表水が埋立地の開口部から埋立地へ流入防止するための開渠等設置
5	次の要件を満たす外周仕切設備が設けられていること。 (1) 日本産業規格A1108（コンクリート圧縮強度試験方法）一軸圧縮強度25N/㎟以上の水密性鉄筋コンクリートで、厚さ35cm以上等 (2) 自重、土圧、水圧、波力、地震力等に対し構造耐力上安全 (3) 埋立産業廃棄物と接する面が遮水効力、耐食性の十分な材料被覆 (4) 地表水、地下水、土壌の性状に応じた有効な腐食防止措置 (5) 目視等により点検できる構造
6	内部の1区画が面積50㎡又は容量250㎡以下とする内部仕切設備設置 (1) 日本産業規格A1108（コンクリート圧縮強度試験方法）一軸圧縮強度25N/㎟以上の水密性鉄筋コンクリートで、厚さ35cm以上等 (2) 自重、土圧、水圧、波力、地震力等に対し構造耐力上安全 (3) 埋立産業廃棄物と接する面が遮水効力、耐食性の十分な材料被覆 (4) 地表水、地下水、土壌の性状に応じた有効な腐食防止措置

安定型最終処分場【☞P.128参照】

1	埋立地の周囲に囲い ※ 閉鎖された埋立地を埋立処分以外に供用▶埋立地の範囲を区分する囲い、杭等
2	産業廃棄物最終処分場表示の立札
3	必要な場合、地滑り防止工、沈下防止工設置
4	産業廃棄物流出防止のため、次の要件の擁壁等の設置 イ 自重、土圧、水圧、波力、地震力等に対し構造耐力上安全 ロ 腐食防止措置
5	擁壁等の安定保持に必要な場合、埋立地内の雨水等を排出する設備設置
6	水質検査を行うための浸透水採取設備設置

管理型最終処分場【☞P.129参照】

1	**埋立地の周囲に囲い** ※　閉鎖された埋立地を埋立処分以外に供用▶埋立地の範囲を分区する囲い、杭等
2	産廃最終処分場表示の**立札**等
3	必要な場合、地滑り防止工、沈下防止工設置
4	産廃流出防止のため、次の要件の**擁壁**等の設置 イ　自重、土圧、水圧、波力、地震力等に対し構造耐力上安全 ロ　腐食防止措置
5	浸出液による**公共用水域、地下水汚染防止措置** (公共用水域、地下水汚染防止に必要な措置を講じた産廃は対象外) イ　不透水性地層ない場合 　(1)　次の遮水層等を有すること 　　（**例外**：勾配が50％以上である基礎地盤で、内部水位が達しない場合は、基礎 　　地盤に吹き付けたモルタルに遮水シート又はゴムアスファルトを敷設） 　　・粘土層（厚さ50cm以上、透水係数10nm/s以下）＋遮水シート 　　・アスファルト・コンクリート層（厚さ5cm以上、透水係数1nm/s以下） 　　　＋遮水シート 　　・2重の遮水シート 　(2)　基礎地盤は、遮水層損傷防止のための強度を有し、平らな状態 　(3)　日射による遮水層表面の劣化防止のための遮光性不織布等 ロ　不透水性地層（厚さ5m以上・透水係数100nm/s以下、ルジオン値1以下の岩盤） 　(1)　薬剤等注入（ルジオン値が1以下） 　(2)　連続壁の設置（厚さ50cm以上、透水係数10nm/s） 　(3)　鋼矢板設置 　(4)　イ(1)～(3)の要件 ハ　地下水により、遮水工が損傷するおそれ 　　　　　　▶管渠等の**地下水集排水設備の設置** ニ　堅固で耐久力を有する構造の管渠等の**保有水等集排水設備の設置** 　　（水面埋立は余水吐等） 　　　　**例外**：雨水が入らないよう必要な措置が講じられる埋立地で、腐敗せず保有 　　　　　　　　水の生じない産廃のみ埋め立てる場合 ホ　浸出液処理設備に流入する保有水等の水量及び水質変動を調整できる耐水構造の**調整池の設置** 　　　　（**例外**：水面埋立、十分な貯留槽保有） ヘ　次の排水基準等に適合させることができる**浸出液処理設備の設置** 　　・以下の排水基準（各数値以下）に適合

◆アルキル水銀　検出されないこと	◆総水銀　0.005mg/ℓ
◆カドミウム　0.03mg/ℓ	◆鉛　0.1mg/ℓ
◆有機燐　1mg/ℓ	◆六価クロム　0.5mg/ℓ
◆砒素　0.1mg/ℓ	◆シアン　1mg/ℓ
◆PCB　0.003mg/ℓ	◆トリクロロエチレン　0.1mg/ℓ
◆テトラクロロエチレン　0.1mg/ℓ	◆ジクロロメタン　0.2mg/ℓ
◆四塩化炭素　0.02mg/ℓ	◆1,2-ジクロロエタン　0.04mg/ℓ
◆1,1-ジクロロエチレン　1mg/ℓ	
◆シス-1,2-ジクロロエチレン　0.4mg/ℓ	◆1,1,1-トリクロロエタン　3mg/ℓ
◆1,1,2-トリクロロエタン　0.06mg/ℓ	◆1,3-ジクロロプロペン　0.02mg/ℓ
◆チウラム　0.06mg/ℓ	◆シマジン　0.03mg/ℓ
◆チオベンカルブ　0.2mg/ℓ	◆ベンゼン　0.1mg/ℓ

　　◆セレン　0.1mg/ℓ　　　　　　　　　　◆1,4-ジオキサン　0.5mg/ℓ
　　◆ほう素　海域以外　50mg/ℓ（当分の間）、海域　230mg/ℓ（当分の間）
　　◆ふっ素　海域以外　15mg/ℓ（当分の間）
　　◆アンモニア、亜硝酸、硝酸化合物　200mg/ℓ＊（当分の間）
　　　　　　　　　　　　（＊アンモニア性窒素×0.4＋亜硝酸性窒素＋硝酸性窒素）
　　◆水素イオン濃度　5.8〜8.6（海域5.0〜9.0）
　　◆BOD　60mg/ℓ（海域、湖沼への放流水は除く）
　　◆COD　90mg/ℓ（上記以外の放流水は除く）
　　◆SS　60mg/ℓ以下
　　◆n-ヘキサン抽出物（鉱油）　5mg/ℓ、（動植物油）　30mg/ℓ
　　◆フェノール　5mg/ℓ　　　　　　◆銅　3mg/ℓ
　　◆亜鉛　2mg/ℓ　　　　　　　　　◆溶解性鉄　10mg/ℓ
　　◆溶解性マンガン　10mg/ℓ　　　◆クロム　2mg/ℓ
　　◆大腸菌群数　日間平均3,000個/cm³
　　◆窒素　120mg/ℓ（日間平均60mg/ℓ）
　　◆燐　16mg/ℓ（日間平均8mg/ℓ）
　・ダイオキシン類　10pg/ℓ以下
　・産廃処理施設の維持管理に関する計画の放流水の水質達成数値
ト　浸出液処理設備への導水管及び配管の凍結による損壊防止措置

6　埋立地の周囲は、**地表水**が埋立地の開口部から埋立地へ**流入するのを防止する**ための**開渠等**の設置

産業廃棄物処理施設の維持管理の技術上の基準

（省令第12条の6・12条の7）

① 性状の分析、計量　▶　処理能力に見合った適正な受入れ
② 処理能力範囲　＞　投入量
③ 流出等の異常事態▶生活環境保全上の必要措置＝運転停止、流出産廃の回収等
④ 施設の点検、機能検査▶定期的に実施
⑤ 飛散、流出、悪臭の発生防止▶必要な措置
⑥ 蚊、はえ等の発生防止、清潔の保持
⑦ 著しい騒音、振動の防止
⑧ 放流水の水質検査の実施▶定期的に実施
⑨ 点検、検査、その他の措置を記録▶3年間保存

① 汚泥脱水施設	(1) ろ布又は脱水機の洗浄▶定期的に実施 (2) 分離液の地下浸透防止▶必要な措置
② 汚泥乾燥施設	(1) 乾燥設備の温度調整▶性状に応じ (2) 排ガス中ばい煙検査▶定期的に実施
天日乾燥施設	汚泥、分離液の地下浸透防止▶定期的な乾燥床の点検 　　　　　　　　　　　　　　▶必要な措置
焼却施設 （ガス化改質方式 以外） 　③　汚泥 　⑤　廃油 　⑧　廃プラスチック類 　⑫　廃PCB、PCB汚染物、PCB処理物 　⑬-2　その他の産廃	(1) 燃焼ガス温度800℃以上の保持 　※　廃PCB、PCB汚染物、PCB処理物の場合は　1,100℃ (2) 廃PCB等の焼却施設 　イ　廃PCB、PCB汚染物、PCB処理物の燃え殻▶環境省令基準に適合 　ロ　排気口又は排気筒排ガスのPCB濃度▶6月1回測定・記録 　ハ　放流する排水▶PCB含有量、ノルマルヘキサン抽出物含有量、水素イオン濃度を6月1回測定・記録 (3) 廃油の地下浸透防止装置、流出防止堤等の定期点検及び異常時に必要な措置 　※　廃油、PCB汚染物、PCB処理物のみ
	・ピット＆クレーン▶ごみ均一混合 ・燃焼室への投入▶外気と遮断状態▶定量連続投入 　（除外：ガス化燃焼方式、2t未満） ・焼却灰熱しゃく減量10%以下（除外：焼却灰▶生活環境保全上支障のない使用） ・運転開始時、助燃装置作動等で炉温を速やかに上昇 ・運転停止時、助燃装置作動等で炉温保持、燃焼し尽くす ・燃焼室ガス温度連続測定・記録 ・集じん器流入燃焼ガス温度▶200℃以下に冷却 ・集じん器流入燃焼ガス温度▶連続測定・記録 ・冷却設備、排ガス処理設備のたい積ばいじん除去 ・排ガス中のCO濃度100万分の100以下 　非適用：(1) セメント製造焼成炉（プレヒーター付きロータリーキルン） 　　　　　(2) 非鉄金属精錬用焙焼炉、焼結炉（ペレット焼成炉含む）、溶鉱炉（溶鉱用反射炉含む)、転炉 　　　　　(3) 液中燃焼方式の噴霧燃焼炉

(4)　専ら製紙汚泥を焼却するロータリーキルンで、排ガス中ダイオキシン類濃度▶3月1回以上測定
・排ガス中の一酸化炭素濃度▶連続測定・記録
・排ガス中のダイオキシン類濃度

処理能力	基準
4 t/h以上	0.1ng/㎥
2 t/h ～4 t/h	1 ng/㎥
2 t/h未満	5 ng/㎥

　＊　ダイオキシン濃度は毒性等量濃度に換算したもの
・排ガス中のダイオキシン類濃度　▶年1回以上測定・記録
　　　　　ばい煙量、ばい煙濃度▶6月1回以上測定・記録
・排出ガス▶生活環境保全上支障がないこと
・排出ガスを水で洗浄、冷却▶水の飛散・流出による生活環境保全上の支障なし
・ばいじんと焼却灰分離排出・貯留（除外：溶融、焼成処理）
・ばいじん・焼却灰の溶融加工▶融点以上の温度保持
・ばいじん・焼却灰の焼成▶1,000℃以上の温度保持、連続測定・記録
・ばいじん・焼却灰のセメント固化（薬剤処理）
　　　　　　　　▶セメント（薬剤）＋水▶均一に混合
・火災発生防止措置、消火器等消火設備

焼却施設 （ガス化改質方式） ③　汚泥 ⑤　廃油 ⑧　廃プラスチック類 ⑬-2　その他の産廃	・ばいじんと焼却灰分離排出・貯留（除外：溶融、焼成処理） ・ばいじん・焼却灰の溶融加工▶融点以上の温度保持 ・ばいじん・焼却灰の焼成▶1,000℃以上の温度保持、連続測定・記録 ・ばいじん・焼却灰のセメント固化（薬剤処理） 　　　　　　　　▶セメント（薬剤）＋水▶均一に混合 ・火災発生防止措置、消火器等消火設備 (1)　投入ごみ数量・性状▶ガス化設備のガス化必要時間の調節 (2)　ガス化設備▶ごみのガス化に必要な温度保持 (3)　改質設備中のガス温度▶ガスの改質に必要な温度保持 (4)　　〃　　　　　　　　▶連続測定・記録 (5)　除去設備流入改質ガス温度▶おおむね200℃以下に冷却 　　　　　　　　（除去設備内で速やかに冷却することも可） (6)　　〃　　　　　　　　　　　▶連続測定・記録 (7)　冷却設備、除去設備のたい積ばいじん除去 (8)　除去設備出口の改質ガス中のダイオキシン類濃度0.1ng/㎥以下 (9)　除去設備出口のダイオキシン類濃度を年1回以上、SOx、ばいじん、HCl、H₂Sの濃度を6月1回以上測定・記録
焼却施設 （電気炉等） ③　汚泥 ⑤　廃油 ⑧　廃プラスチック類 ⑬-2　その他の産廃	ワ　排ガス中のダイオキシン類濃度 ［処理能力表］ 　＊　ダイオキシン濃度は毒性等量濃度に換算したもの 　＊　製鋼の用に供する電気炉は0.5ng/㎥ ヨ　排出ガス▶生活環境保全上支障がないこと タ　排出ガスを水で洗浄、冷却▶水の飛散・流出による生活環境保全上の支障なし ソ　ばいじん・焼却灰の溶融加工▶融点以上の温度保持

ワ　排ガス中のダイオキシン類濃度

処理能力	基準
4 t/h以上	0.1ng/㎥
2 t/h ～4 t/h	1 ng/㎥
2 t/h未満	5 ng/㎥

		ツ　ばいじん・焼却灰の焼成▶1,000℃以上の温度保持、連続測定・記録 ネ　ばいじん・焼却灰のセメント固化（薬剤処理） 　　　　　　　　▶セメント（薬剤）＋水▶均一に混合 フ　火災発生防止措置、消火器等消火設備 (1)　廃棄物焼却・溶鋼に必要な温度適正保持 (2)　溶鋼の炉内・炉出口温度の定期的測定・記録 (3)　集じん器流入ガス温度の連続測定・記録 (4)　排ガス処理設備たい積ばいじんの除去 (5)　排ガス中のダイオキシン濃度を3月1回以上、SOx、ばいじん、HCl、NOxの濃度を6月1回以上測定・記録 (6)　製鋼用電気炉の焼成施設▶集じん器内流入ガス温度▶おおむね200℃以下に冷却		
④　廃油の油水分離施設		イ　地下浸透防止措置、流出防止堤等定期点検及び異常時の必要措置 ロ　火災発生防止措置、消火器等消火設備の設置		
⑥　廃酸・廃アルカリの中和施設		(1)　中和槽内水素イオン濃度指数の測定▶供給量の調節 (2)　十分な混合 (3)　地下浸透防止措置		
⑦　廃プラスチック類 ②の2　木くず、がれき類の破砕施設	廃プラスチック類の圧縮固化	(1)	粉じんの周囲への飛散防止▶必要な措置
		(2)　イ　成型設備	(1)　運転開始時、設備内のちり除去 (2)　廃棄物投入▶定量、連続 (3)　設備内温度、出口の温度とCO濃度連続測定 (4)　(3)の測定温度、CO濃度が管理上、適切であるかを確認
		ロ　冷却設備	(1)　圧縮固化廃プラスチック類温度▶外気を大きく上回らない程度に冷却 (2)　入口、出口温度連続測定 (3)　設備内温度、CO濃度連続測定 (4)　圧縮固化物が滞留する場合、火災防止措置 (5)　(2)(3)の測定温度、濃度が管理上、適切であるかを確認
		ハ　保管設備への搬入	(1)　搬入する場合、外気を大きく上回らない程度の温度を確認・記録 (2)　圧縮固化物外観を目視検査▶著しく粉化していないことの確認・記録
		ニ　搬出 ホ　搬出性状 ヘ　性状管理	保管設備からの搬出はハと同じ ハの基準に適合しない▶必要な措置 保管設備に搬入▶性状適切管理▶温度等測定・記録
		ト　保管	(1)　保管設備内を常時換気 (2)　保管期間7日超▶圧縮物の入替等放熱措置
		チ　容器保管 　　（開放系）	(1)　複数容器保管▶各容器の通気▶適当な間隔配置 (2)　性状把握▶適当に抽出した容器ごと 　　　▶温度測定・記録 (3)　(2)の適切温度確認

	リ　サイロ等 （閉鎖場所）	(1)　保管設備内の温度、CO濃度を連続測定・記録 (2)　(1)の測定温度・CO濃度の保管管理上の適切を確認
	ヌ　容器なし （開放系） 保管期間7日超 1日処理能力×7 超	（ト(2)を適用しない） (1)　保管設備内の定期清掃 (2)　保管圧縮固化物の攪拌等▶温度異常上昇防止 (3)　圧縮固化物の表面温度連続監視 (4)　保管設備内温度の連続測定・記録 (5)　(3)、(4)の監視、測定温度の適切確認
	ル　サイロ等 保管期間7日超 1日処理能力×7 超	（トを適用しない） (1)　保管設備内を定期的に清掃 (2)　圧縮固化物の酸化発熱、蓄熱防止措置 (3)　圧縮固化物の連続搬入▶表面温度の連続監視 (4)　保管設備内の温度、CO濃度等▶適切管理▶連続測定・記録 (5)　(4)の測定温度・CO濃度の保管管理上の適切を確認
	ヲ　消火設備	火災の発生防止必要措置、消火器等
	ワ　保管設備に搬入なく搬出▶性状適切管理▶温度等測定・記録	
⑨　金属・ダイオキシン類汚泥のコンクリート固型化施設	イ ロ	分離液の地下浸透防止▶必要な措置 汚泥、セメント、水の混合の均一化、十分な養生
⑩　水銀、水銀化合物含有汚泥のばい焼施設	イ ロ ハ ニ ホ ヘ	分離液の地下浸透防止▶必要な措置 排ガス中ばい煙検査▶定期的に実施 火災発生防止装置、消火器等消火設備の設置 600℃以上にした後に汚泥投入 600℃以上の保持と異常高温防止 水銀ガスの回収
⑩-2　廃水銀等の硫化施設	(1) (2) (3)	精製された水銀と硫黄を均一に化学反応 外気と遮断されていない反応設備内は負圧保持 水銀ガスによる生活環境保全上の支障なし
⑪　シアン化合物の分解施設	イ	分離液、廃酸、廃アルカリの地下浸透防止▶必要な措置
(1)　高温熱分解	(1) (2) (3) (4)	排ガス中ばい煙検査▶定期的に実施 火災発生防止措置、消火器等消火設備の設置 出口の炉温を900℃以上にした後に投入 900℃以上の保持と異常高温防止
(2)　酸化分解	(1) (2) (3)	分離槽内水素イオン濃度指数の測定▶供給量の調節 十分な混合 発生ガスによる生活環境への影響防止▶必要な措置
⑪-2　廃石綿等・石綿含有産廃の溶融施設	(1) (2) (3) (4) (5)	溶融炉内への投入▶外気と遮断状態で投入 炉内投入廃棄物温度▶速やかに1,500℃以上とし、保持 投入数量、性状に応じて、必要な滞留時間調節 溶融炉内温度を間接的に連続測定・記録 排気口又は排気筒からの石綿濃度▶6月1回以上測定・記録

		(6)　溶融処理生成物の基準適合確認試験▶6月1回以上実施・記録
		(7)　排ガスによる生活環境保全上の支障なし
		(8)　排ガス処理設備たい積ばいじんの除去
		(9)　溶融処理生成物の流動状態を定期的に確認
		(10)　火災発生防止措置、消火器等消火設備の設置
		(11)　投入廃棄物の破砕▶①　破砕に適さないものを連続監視 ②　粉じん飛散防止に必要な措置 ③　集じん器出口の排ガス中の石綿濃度 　　▶6月1回以上測定・記録 ④　集じん器たい積ばいじんの除去
⑫-2　分解施設 ・廃PCB ・PCB処理物		(1)　地下浸透防止措置、流出防止堤等の定期点検及び異常時の必要な措置
	(2)　脱塩素化 　　分解	イ　薬剤等供給量▶数量、性状に応じ調節 ロ　薬剤等との十分な混合、必要な温度の保持 ハ　反応中の混合物の温度連続測定・記録 ニ　処理によって生じた廃油のPCB含有量 　　▶6月1回以上測定・記録 　　排水の放流▶放流水の水質*を6月1回以上測定・記録 　　　*PCB含有量、水素イオン濃度、ノルマルヘキサン抽出物含有量
	(3)　水熱酸化 　　分解	イ　酸化剤等供給量▶数量、性状に応じ調節 ロ　必要な温度・圧力の保持、異常高温・高圧防止 ハ　反応中の混合物の温度、反応器中の圧力の連続測定・記録 ニ　気液分離後の液体中PCB含有量0.03mg/ℓ以下 ホ　排水の放流▶放流水の水質*を6月1回以上測定・記録 　　　*PCB含有量、水素イオン濃度、ノルマルヘキサン抽出物含有量
	(4)　還元熱化 　　学分解	イ　薬剤等供給量▶数量、性状に応じ調節 ロ　必要な温度・圧力・薬剤ガス供給量の保持、異常高温・高圧防止 ハ　反応中の混合物の温度、反応器中の圧力、薬剤ガス供給量の連続測定・記録 ニ　除去設備のたい積粒子状物質除去 ホ　除去施設から排出された生成ガス主要成分測定・記録 ヘ　粒子状の物質等を排出、貯留 ト　除去設備出口生成ガス中ダイオキシン類濃度0.1ng/㎥以下 チ　除去設備出口生成ガス濃度測定・記録▶ダイオキシン類は年1回以上、粒子状の物質、塩化水素は6月1回以上 リ　生成ガス▶生活環境保全上の支障なし ヌ　生成ガスを水で洗浄・冷却▶水の飛散流出▶生活環境保全上の支障なし ル　処理排水の放流▶放流水の水質*を6月1回以上測定・記録 　　　*PCB含有量、水素イオン濃度、ノルマルヘキサン抽出物含有量 ヲ　消火設備
	(5)　光分解	イ　薬剤等供給量▶数量、性状に応じ調節 ロ　必要な照射量確保 ハ　照射光強度の定期的測定・記録 ニ　反応中の混合物の温度の連続測定・記録 ホ　反応終了後の混合物の処理（生物分解、脱塩素化分解）

		⑴　必要な温度、生物量、薬剤濃度保持 ⑵　反応中混合物温度の連続測定・記録 ⑶　処理施設の排気▶生活環境保全上支障なし ヘ　処理施設の排水の放流▶放流水の水質*を6月1回以上測定・記録 　　＊PCB含有量、水素イオン濃度、ノルマルヘキサン抽出物含有量
	⑹　プラズマ分解	イ　薬剤ガス供給量▶数量、性状に応じ調節 ロ　反応器内プラズマ状態達成後、処理物投入、異常高温・高圧防止 ハ　プラズマ状態維持に必要なガス供給量、電流、電圧保持 ニ　ガス供給量、電流、電圧、反応器出口のガス温度、反応器中の圧力、薬剤ガスの供給量の連続測定・記録 ホ　除去設備のたい積粒子状物質除去 ヘ　除去施設から排出された生成ガス主要成分測定・記録 ト　粒子状の物質等を排出、貯留 チ　除去設備出口生成ガス中ダイオキシン類濃度0.1ng/㎥以下 リ　除去設備出口生成ガス濃度測定・記録▶ダイオキシン類は年1回以上、粒子状の物質、塩化水素は6月1回以上 ヌ　生成ガス▶生活環境保全上支障なし ル　生成ガスを水で洗浄・冷却▶水の飛散流出▶生活環境保全上支障なし ヲ　処理排水の放流▶放流水の水質*を6月1回以上測定・記録 　　＊PCB含有量、水素イオン濃度、ノルマルヘキサン抽出物含有量 ワ　消火設備
⑫-2　PCB汚染物分解施設		⑴　廃油、廃酸、廃アルカリの地下浸透防止措置、流出防止堤等の定期点検及び異常時の必要措置
	⑵　水熱酸化分解	イ　PCB汚染物▶必要に応じ破砕 ロ　酸化剤等供給量▶数量、性状に応じ調節 ハ　必要な温度・圧力の保持、異常高温・高圧防止 ニ　反応中の混合物の温度、反応器中の圧力の連続測定・記録 ホ　気液分離後の液体中PCB含有量0.03mg/ℓ以下 ヘ　排水の放流▶放流水の水質*を6月1回以上測定・記録 　　＊PCB含有量、水素イオン濃度、ノルマルヘキサン抽出物含有量
	⑶　還元熱化学分解	イ　PCB汚染物▶必要に応じ破砕 ロ　薬剤等供給量▶数量、性状に応じ調節 ハ　必要な温度・圧力・薬剤ガス供給量の保持、異常高温・高圧防止 ニ　反応中の混合物の温度、反応器中の圧力、薬剤ガス供給量の連続測定・記録 ホ　除去設備のたい積粒子状物質除去 ヘ　除去施設から排出された生成ガス主要成分測定・記録 ト　粒子状の物質等を排出、貯留 チ　除去設備出口生成ガス中ダイオキシン類濃度0.1ng/㎥以下 リ　除去設備出口生成ガス濃度測定・記録▶ダイオキシン類は年1回以上、粒子状の物質、塩化水素は6月1回以上 ヌ　生成ガス▶生活環境保全上支障なし ル　生成ガスを水で洗浄・冷却▶水の飛散流出▶生活環境保全上支障なし ヲ　処理排水の放流▶放流水の水質*を6月1回以上測定・記録 　　＊PCB含有量、水素イオン濃度、ノルマルヘキサン抽出物含有量

		ワ	消火設備
(4) 機械化学分解		イ	PCB汚染物▶必要に応じ破砕
		ロ	薬剤等供給量▶数量、性状に応じ調節
		ハ	必要な温度・圧力・反応器の回転数の保持、異常高温・高圧防止
		ニ	反応中の反応器の温度、反応器の回転数の連続測定・記録
		ホ	除去設備のたい積粒子状物質除夫
		ヘ	粒子状の物質等を排出、貯留
		ト	除去設備出口生成ガス粒子状の物質、塩化水素▶6月1回以上測定・記録
		チ	生成ガス▶生活環境保全上支障なし
		リ	生成ガスを水で洗浄・冷却▶水の飛散流出▶生活環境保全上支障なし
		ヌ	処理排水の放流▶放流水の水質*を6月1回以上測定・記録　*PCB含有量、水素イオン濃度、ノルマルヘキサン抽出物含有量
(5) 溶融分解		イ	反応設備中の溶融補助剤▶溶融面に接するよう供給
		ロ	溶融状態保持▶溶融補助剤供給量▶数量、性状に応じ調節
		ハ	必要な温度・圧力の保持、異常高温・高圧防止
		ニ	反応設備内の温度、圧力の連続測定・記録
		ホ	除去設備内の生成ガス温度連続測定・記録
		ヘ	除去設備のたい積粒子状物質除去
		ト	除去施設から排出された生成ガス主要成分測定・記録
		チ	粒子状の物質等を排出、貯留
		リ	除去設備出口生成ガス中ダイオキシン類濃度0.1ng/㎥以下
		ヌ	除去設備出口生成ガス濃度測定・記録▶ダイオキシン類は年1回以上、粒子状の物質、塩化水素は6月1回以上
		ル	生成ガス▶生活環境保全上支障なし
		ヲ	生成ガスを水で洗浄・冷却▶水の飛散流出▶生活環境保全上支障なし
		ワ	処理排水の放流▶放流水の水質*を6月1回以上測定・記録　*PCB含有量、水素イオン濃度、ノルマルヘキサン抽出物含有量
		カ	消火設備
⑬　PCB汚染物、PCB処理物の洗浄施設、分離施設	(1)		地下浸透防止措置、流出防止堤等の定期点検及び異常時の必要な措置
	(2) 洗浄方式		排水の放流▶放流水の水質*を6月1回以上測定・記録　*PCB含有量、水素イオン濃度、ノルマルヘキサン抽出物含有量
	(3) 分離方式	イ	分離設備内▶分離時間▶数量、性状に応じ調節
		ロ	〃　▶必要温度・圧力の保持
		ハ	〃　▶温度・圧力の連続測定・記録
		ニ	回収設備内▶分離回収に必要な温度保持
		ホ	回収設備　▶温度の連続測定・記録
		ヘ	分離・回収後の産廃（回収液）量測定・記録
		ト	分離後の産廃▶排出・貯留▶飛散、流出なし
		チ	排出回収液量、回収液中PCB含有量の測定・記録
		リ	回収設備の排気▶生活環境保全上支障なし

産業廃棄物最終処分場の維持管理の技術上の基準

(昭和52年総・厚省令第1号第2条第2項)

遮断型最終処分場

- 産廃の飛散、流出防止に必要な措置
- 悪臭発散防止に必要な措置
- 火災発生防止に必要な措置、消火器等消火設備設置
- ねずみの生育、蚊、はえ等害虫の発生防止のため、薬剤散布等必要な措置
- 立札等は常に見やすい状態、表示事項変更の場合は、速やかに書き換え等必要な措置

- 最終処分場の周縁（水面埋立は、周辺の水域の水）2箇所以上の地下水又は地下水集排水設備から採取した水の水質検査実施
  - イ　埋立開始前、地下水等検査項目、電気伝導率及び塩化物イオン濃度を測定・記録
  - ロ　埋立開始後、地下水等検査項目を1年に1回以上測定・記録
  - ハ　埋立開始後、電気伝導率又は塩化物イオン濃度を1月に1回以上測定・記録
  - ニ　電気伝導率又は塩化物イオン濃度に異状のある場合には、速やかに再度測定・記録、地下水等検査項目についても測定・記録
- 地下水等検査項目に係る水質検査の結果▶水質の悪化（原因が処分場以外であることが明らかな場合を除く）
  　　▶原因の調査等生活環境の保全上必要な措置
- 雨水流入防止に必要措置
- 地表水、雨水流入防止の開渠等の機能維持のため、開渠に堆積した土砂等の速やかな除去等必要措置
- 残余の埋立容量▶年1回測定・記録

イ	囲いはみだりに人の立入ができないようにしておくこと
ロ	埋立処分前に埋立地溜まり水を排除
ハ	外周及び内部仕切設備を定期的点検▶保有水の浸出のおそれ 　　▶搬入・埋立処分中止▶設備損壊・保有水浸出の防止措置
ニ	埋立処分が終了した埋立地は、内部仕切と同等の覆いにより閉鎖
ホ	閉鎖区画に定期点検、仕切設備及び覆いを定期的点検▶保有水の浸出のおそれ 　　▶搬入・埋立処分中止▶覆い損壊・保有水浸出の防止措置
ヘ	埋め立てられた産廃の種類、数量、最終処分場の維持管理の点検・検査等の記録を作成し、最終処分場の廃止まで保存

安定型最終処分場

- 産廃の飛散、流出防止に必要な措置
- 悪臭発散防止に必要な措置
- 火災発生防止に必要な措置、消火器等消火設備設置
- ねずみの生育、蚊、はえ等害虫の発生防止のため、薬剤散布等必要な措置
- 立札等は常に見やすい状態、表示事項変更の場合は、速やかに書き換え等必要な措置
- 擁壁等▶定期的点検▶損壊のおそれ▶速やかに防止上必要な措置
- 残余の埋立容量▶年1回以上測定・記録

・	埋立産廃の種類、数量、最終処分場の維持管理の点検・検査等の記録を作成し、最終処分場の廃止まで保存
イ	囲い▶みだりに人の立入ができないこと ※　閉鎖された処分場を埋立処分以外の用に供する場合▶杭等により埋立地の範囲明示
ロ	産廃の埋立前に展開検査（安定型産廃以外の付着、混入防止）
ハ	搬入最終処分場の周縁（水面埋立は、周辺の水域の水）2箇所以上の地下水又は地下水集排水設備から採取した水の水質検査実施 (1)　埋立開始前、地下水等検査項目測定・記録 (2)　埋立開始後、地下水等検査項目を1年に1回以上測定・記録
ニ	地下水等検査項目に係る水質検査の結果、水質の悪化（原因が処分場以外であることが明らかな場合を除く）が認められる場合▶原因の調査等生活環境の保全上必要な措置
ホ	安定型処分場採取設備から採取した浸透水の検査・記録 (1)　地下水等検査項目　1年に1回以上 (2)　BOD、COD　1月に1回以上（埋立終了後は3月に1回以上）
ヘ	安定型処分場採取設備の測定結果から次に掲げる場合、速やかに、産廃の搬入・埋立処分中止等生活環境保全上必要な措置 (1)　地下水等検査項目の水質基準に適合しない (2)　BOD　20mg/ℓ、COD　40mg/ℓ以上
ト	埋立終了した埋立地を埋立処分以外の用に供する場合は、表面を土砂等でおおむね50cm以上覆い、開口部を閉鎖
チ	閉鎖した安定型埋立地の覆いの損壊防止必要措置

管理型最終処分場

1	産業廃棄物の飛散、流出防止に必要な措置
2	悪臭発散防止に必要な措置
3	火災発生防止に必要な措置、消火器等消火設備設置
4	ねずみの生育、蚊、はえ等害虫の発生防止のため、薬剤散布等必要な措置
5	囲い▶みだりに人の立入ができない ※　閉鎖▶処分場を埋立処分以外の用に供する場合▶埋立地の範囲を明示
6	立札等▶常に見やすい状態、表示事項変更▶速やかに書き換え等必要な措置
7	擁壁等▶定期的の点検、損壊のおそれ▶速やかに必要防止措置
8	廃棄物埋立前、遮水工損傷防止▶遮水工を砂等で覆う
9	遮水工の定期的点検▶遮水効果低下のおそれ▶速やかに必要回復措置
10	最終処分場の周縁（水面埋立は、周辺の水域の水）2箇所以上の地下水又は地下水集排水設備から採取された水の水質検査実施 イ　埋立開始前、地下水等検査項目、電気伝導率及び塩化物イオンを測定・記録 ロ　埋立開始後、地下水等検査項目を1年に1回以上測定・記録 ハ　埋立開始後、電気伝導率又は塩化物イオンを1月に1回以上測定・記録 ニ　電気伝導率又は塩化物イオンに異状のある場合▶速やかに再度測定・記録、地下水等検査項目についても測定・記録

11　地下水等検査項目に係る水質検査の結果▶水質の悪化（原因が処分場以外であることが明らかな場合を除く）確認▶原因の調査等生活環境の保全上必要な措置
12　雨水流入防止に必要な措置
13　調整池を定期的に点検▶損壊のおそれ▶速やかに必要防止措置
14　浸出液処理設備の維持管理 　イ　放流水の水質が排水基準等に適合 　　　　（BOD　60mg/ℓ、COD　90mg/ℓ、SS　60mg/ℓ以下） 　ロ　浸出液処理設備の定期点検▶異状な場合▶速やかに必要な措置 　ハ　放流水の水質検査 　　（1）排水基準等に係る項目を1年に1回以上測定・記録 　　（2）水素イオン濃度、BOD、COD、SS、窒素を1月に1回以上測定・記録
14の2　浸出液処理設備の導水管等の凍結に有効な防止措置の定期点検▶異常な場合▶必要措置
15　地表水、雨水流入防止の開渠等の機能維持、産廃外部流出防止のため、開渠に堆積した土砂等の速やかな除去等必要措置
16　通気装置による発生ガス排除
17　埋立終了埋立地▶表面を土砂でおおむね50cm以上覆い、開口部を閉鎖 　※　雨水が入らない必要な措置が講じられる埋立地▶遮水工と同等以上の効力を有する覆いにより閉鎖
18　閉鎖した埋立地の覆い損傷防止に必要な措置
19　残余の埋立容量▶年1回以上測定・記録
20　埋め立てられた産廃（石綿含有産廃含む）の種類、数量、最終処分場の維持管理の点検・検査等記録、廃水銀等を処分するために処理したもの・廃石綿等・石綿含有産廃はその位置図を作成し、最終処分場の廃止まで保存

（Dx法に基づく最終処分場維持管理基準）平成13年1月15日から適用

1　周縁地下水2箇所以上の場所から採取、地下水集排水設備からの地下水水質検査 　イ　埋立処分開始前、ダイオキシン類濃度測定・記録 　ロ　埋立処分開始後、ダイオキシン類濃度年1回以上測定・記録 　　　ただし、埋立廃棄物の種類、保有水等の水質から汚染のおそれがない場合は不必要 　ハ　電気伝導率、塩化物イオン濃度が異常の場合、ダイオキシン類濃度測定・記録
2　1でダイオキシン類濃度が異常の場合、原因調査その他生活環境保全上必要措置
3　浸出液処理設備の維持管理 　イ　放流水許容濃度（ダイオキシン濃度10pg/ℓ）に適合するよう維持管理 　ロ　放流水の水質検査▶ダイオキシン類を年1回以上検査・記録

英保　次郎
（えいほ　じろう）

著者略歴

1948年	神戸市に生まれる
1971年	大阪大学薬学部卒
	外資系製薬会社に入社
1974年	兵庫県職員となる
	主に廃棄物行政、環境行政を担当
1990年	大阪湾広域臨海環境整備センターに出向
	廃棄物の受入、管理を担当
1993年	兵庫県環境整備課
	阪神・淡路大震災による大量廃棄物の広域処分を手がける
1996年	環境庁水質保全局
	主に瀬戸内海保全、水質総量規制を担当
1999年	兵庫県環境情報センター室長
2002年	㈶ひょうご環境創造協会　環境創造部長
2003年	兵庫県水質課長
2005年	兵庫県立健康環境科学研究センター　水質環境部長兼大気環境部長
2008年	兵庫県を退職
	㈶ひょうご環境創造協会　総務部次長
2010年	兵庫県環境研究センター　安全科学科長（2012年　退職）
（現在）	
2018年	NPO法人瀬戸内海研究会議監事

廃棄物処理早わかり帖

平成21年12月25日	初　版　発　行
平成23年10月10日	二　訂　版　発　行
平成27年12月 1 日	三　訂　版　発　行
令和 6 年 5 月20日	四　訂　版　発　行

著　　　者	英　保　次　郎
発　行　者	星　沢　卓　也
発　行　所	東京法令出版株式会社

112-0002	東京都文京区小石川 5 丁目17番 3 号	03(5803)3304
534-0024	大阪市都島区東野田町 1 丁目17番12号	06(6355)5226
062-0902	札幌市豊平区豊平 2 条 5 丁目 1 番27号	011(822)8811
980-0012	仙台市青葉区錦町 1 丁目 1 番10号	022(216)5871
460-0003	名古屋市中区錦 1 丁目 6 番34号	052(218)5552
730-0005	広島市中区西白島町11番 9 号	082(212)0888
810-0011	福岡市中央区高砂 2 丁目13番22号	092(533)1588
380-8688	長野市南千歳町1005番地	

〔営業〕TEL 026(224)5411　FAX 026(224)5419
〔編集〕TEL 026(224)5412　FAX 026(224)5439
https://www.tokyo-horei.co.jp/

ISBN978-4-8090-4080-1